U0318203

趣味科学丛书

QUWEI LIXUE

趣味力学

[俄] 别莱利曼⊙著
余 杰⊙编译

天津出版传媒集团
天津人民出版社

图书在版编目（CIP）数据

趣味力学 / (俄罗斯) 别莱利曼著 ; 余杰编译 . --
天津 : 天津人民出版社 , 2017.8 (2024.1 重印)
(趣味科学丛书)
ISBN 978-7-201-12059-1

Ⅰ . ①趣… Ⅱ . ①别… ②余… Ⅲ . ①力学－普及读
物 Ⅳ . ① O3-49

中国版本图书馆 CIP 数据核字 (2017) 第 156273 号

趣味力学
QUWEI LIXUE

出　　版　天津人民出版社
出 版 人　刘　庆
地　　址　天津市和平区西康路35号康岳大厦
邮政编码　300051
邮购电话　(022) 23332469
电子邮箱　reader@tjrmcbs.com

责任编辑　李　荣
装帧设计　同人阅文化传媒

制版印刷　河北鸿运腾达印刷有限公司
经　　销　新华书店
开　　本　710毫米 × 1000毫米　1/16
印　　张　10.25
字　　数　149千字
版次印次　2017年8月第1版　2024年1月第3次印刷
定　　价　49.80元

序　言

雅科夫·伊西达洛维奇·别莱利曼

雅科夫·伊西达洛维奇·别莱利曼（1882—1942），出生于俄国的格罗德省别洛斯托克市。他出生的第二年父亲就去世了，但在小学当教师的母亲给了他良好的教育。别莱利曼17岁就开始在报刊上发表作品，1909年大学毕业后，便全身心地从事教学与科普作品的创作。

1913年，别莱利曼完成了《趣味物理学》的写作，这为他后来完成一系列趣味科学读物奠定了基础。1919—1929年，别莱利曼创办了苏联第一份科普杂志《在大自然的实验室里》，并亲自担任主编。在这里，与他合作的有多位世界著名科学家，如被誉为“现代宇航学奠基人”的齐奥尔科夫斯基、“地质化学创始人”之一的费斯曼，还有知名学者皮奥特洛夫斯基、雷宁等人。

1925—1932年，别莱利曼担任时代出版社理事，组织出版了大量趣味科普图书。1935年，他创办和主持了列宁格勒（现为俄罗斯的圣彼得堡）趣味科学之家博物馆，广泛开展各项青少年科学活动。在第二次世界大战反法西斯战争时期，别莱利曼还为苏联军人举办了各种军事科普讲座，这成为他几十年科普生涯的最后奉献。

别莱利曼一生出版的作品有100多部，读者众多，广受欢迎。自从他出版第一本《趣味物理学》以后，这位趣味科学大师的名字和作品就开始广为流传。他的《趣味物理学》《趣味几何学》《趣味代数学》《趣味力学》《趣味天文学》等均堪称世界经典科普名著。他的作品被公认为生动有趣、广受欢迎、适合青少年阅读的科普读物。据统计，1918—1973年间，这些作品仅在苏联就出版了449次，总印数高达1 300万册，还被翻译成数十种语言，在世界各地出版发行。凡是读过别莱利曼趣味科学读物的人，总是为其作品的生动有趣而着迷和倾倒。

别莱利曼创作的科普作品，行文和叙述令读者觉得趣味盎然，但字里行间却立论缜密，那些让孩子们平时在课堂上头疼的问题，到了他的笔下，立刻一改呆板的面目，变得妙趣横生。在他轻松幽默的文笔引导下，读者逐渐领会了深刻的科学奥秘，并激发出丰富的想象力，在实践中把科学知识和生活中所遇到的各种现象结合起来。

别莱利曼娴熟地掌握了文学语言和科学语言，通过他的妙笔，那些难解的问题或原理变得简洁生动而又十分准确，娓娓道来之际，读者会忘了自己是在读书，而更像是在聆听奇异有趣的故事。别莱利曼作为一位卓越的科普作家，总是能通过有趣的叙述，启迪读者在科学的道路上进行严肃的思考和探索。

苏联著名科学家、火箭技术先驱之一格鲁什柯对别莱利曼有着十分中肯的评论，他说，别莱利曼是“数学的歌手、物理学的乐师、天文学的诗人、宇航学的司仪”。

目　录

第一章　基本力学定律

第二章　重要的力学公式

第三章　重　力

第四章　下落和抛掷

第五章　圆周运动

第六章　碰撞力学

第七章 强 度

第八章 功·功率·能

第九章 摩擦和介质阻力

第十章　生物界中的力学

第一章

基本力学定律

1. 碰鸡蛋

美国杂志《科学与发明》曾经提出了这样一个问题：两只手各拿一枚鸡蛋，并用其中的一枚撞击另外一枚（见图1），如果这两枚鸡蛋的硬度和碰撞的部位都一样，那么是被撞的那枚鸡蛋会碎，还是用来撞击的那枚鸡蛋会碎？

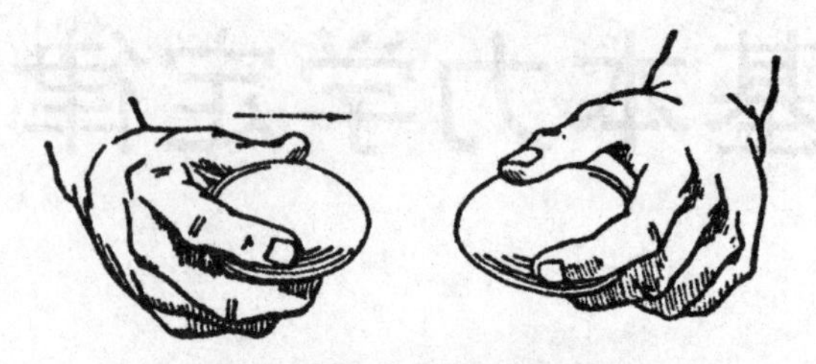

图1　哪一枚鸡蛋会被撞碎

该杂志根据实验的结果得出结论：在大多数情况下，“运动着的那枚鸡蛋”——也就是被用来撞击的那枚鸡蛋会碎掉。

该杂志认为：“运动着的鸡蛋在撞击静止的鸡蛋时，将压力施加在对方的蛋壳上。正像我们所知道的那样，鸡蛋的外壳并不是平面的，而拱形物体对外来压力的承受能力比较强，但当受力者为运动着的那枚鸡蛋时结果就不一样了。相对来讲，拱形物体对来自内部的压力明显抵抗力不足，当鸡蛋处于运动中时，其内部物质同样呈运动状态，在撞击的瞬间，这些物质从内部挤压蛋壳，蛋壳就会轻易地碎裂开。”

列宁格勒（今圣彼得堡）的一家颇有影响力的报纸曾刊出这个问题，并从广大读者那里得到了五花八门的答案。在这些答案中，有一部分人认为那枚被用来撞击的鸡蛋会碎，但另一部分人却认为它毫无“性命之忧”。尽管两种观点都有着极具说服力的论据，但它们全部都是错误的！事实上，任何论据都不可能确定两枚鸡蛋中会碎的是哪个！因为两枚鸡蛋——无论是被撞击的还是被用来撞击的，都是没有差别的。

其实，强调哪一枚鸡蛋是运动的或是静止的是毫无意义的，因为静止或运动都是相对的。假如参照物为地球，我们都知道，处于星际之间的地球本身就以自转和公转的方式进行着运动，而位于地球上的这两枚鸡蛋无疑也同样处于这种运动中，哪一枚鸡蛋在星际间运动得更快或者更慢，我们根本无须考虑。但如果一定要以运动或者静止的特征来判断这两枚鸡蛋哪个先破碎，那恐怕就得求助于大量的天文书籍，参照处于静止状态的星球，来确定这次撞击过程中的每一枚鸡蛋的运动状态。但即便这样也是白忙一场，因为我们所看到的星球都是在运动着的，就算是这些星球所属的银河系，相对于其他星系来说也是处于运动中的。

现在这两枚鸡蛋已经把我们的思路引向了浩瀚的宇宙深处，可是问题仍旧没有解决。但这个观察星空的过程毕竟是有意义的，它让我们得到了一个有助于解决这一问题的结论，那就是物体的运动必须以另一物体作为参照物。只有当两个物体相互接近或者相互远离的时候才能够实现位置的移动，单独的一个物体是没有运动可言的。事实上，对于这次撞击来说，两枚鸡蛋处于同样的运动状态，也就是说，它们在相互靠近，而这也恰恰是我们的答案。这个结果并不是由我们认为哪一枚鸡蛋静止或运动来决定的。

匀速运动和静止具有相对性，这一“经典力学相对论”最早是由意大利数学家伽利略提出的，尽管20世纪初提出的“爱因斯坦的相对论”使它得到了进一步发展，但我们却不能把它们当作一回事儿来看待。

2. 骑着木马旅行

根据前面的分析我们可以知道，当物体做匀速运动时，与“处于静止状态，但其周围物体在做反向匀速运动”是同一现象。确切地说，物体的运动与其周围的环境所做的运动是彼此相对的。遗憾的是，并非所有力学与物理学的研究者都认同这一点。不过我注意到，早在三百多年前，从未读过伽利略著作的塞万提斯就在他的著作《堂吉诃德》中使用过这一结论，这是我们伟大的骑士与他的仆从骑木马旅行的场景——

人们对堂吉诃德说道："请您上马吧，只要转动嵌在马脖子里的机关，马就会飞起来，它会把你们带到玛朗布鲁诺的身边！不过，木马在空中飞行时，你们会感到头晕的，还是把眼睛蒙起来吧。"

于是堂吉诃德和他的仆人蒙住了眼睛，并转动了机关，人们开始用他们的办法使骑士确信自己像离弦的箭一样飞了出去。

"一切顺利！"堂吉诃德郑重其事地对仆人桑丘说，"这是我这辈子乘坐过的最平稳的坐骑，你感觉到了吗？这扑面而来的风！"

"是的，风很大！"桑丘回答道，"就像一千个风箱在吹！"

是的，事实上这猛烈的风真的来自好几个巨大的风箱。

现在，我们在公园或者各种展览会里能够看到各种各样的娱乐设施，它们的原型就是塞万提斯在作品中设计出来的木马，它们的设计依据就是"不能将静止与匀速运动分割开来"的力学原理。

3．常识与力学的分歧

大多数人习惯于将静止与运动彼此对立，好像天壤之别、水火不容一样。但他们在火车上过夜的时候可不会计较火车是停着还是在行驶中，因为他们根本不认为在某种程度上行驶中的火车是静止的，也完全不相信车下的铁轨、大地甚至周边环境都在与火车做着相反的运动的说法。

"那么，一位有经验的司机是否认同这种说法呢？"爱因斯坦曾这样问道，"不，他只会认为，他烧热并润滑了机车，他做的一切理所当然应该作用于机车，使它运动。"

这似乎颇有些道理，竟让人无可辩驳。但我们不妨做一个假设：假设有一条顺着赤道铺设的铁路，一列火车在这条铁路上由东向西疾驰，也就是朝着与地球自转相反的方向行驶，这时对于火车来说，周围的环境就像是迎面扑过来的，而车上的燃料只能使火车不被拉向后退——也就是说，火车向前行驶就是为了不那么快地向后运动。在整个旅途中，如果司机不想使火车受到任何来自地球自转的影响，他唯一能做的就是使车速达到2 000千米/小时（也就是地球旋转的速度）。

但这世上根本找不出这样的机车，这种速度是时速为2马赫的喷气式飞机才能达到的速度！

对于一列保持匀速行驶的火车来说，没有人能够确定它或者它周围的环境到底谁处于运动或谁处于静止状态，这是由物质世界的构造决定的。对于匀速运动或静止状态是否存在这种问题，无论在任何类似的情况下都无法得到真正意义上的解决。由于观察者本身的匀速运动对于被观察者的现象及规律并未产生影响，所以我们所能研究的只是物体之间相对的匀速运动。

4. 轮船上的较量

我想现在对很多人来说，相对论的实际运用都是颇有难度的。设想一个场景，假设两个有仇的人面对面站在航行的轮船甲板上，他们各拿一把手枪互相瞄准对方（见图2）。此时此刻他们处于完全相同的环境中，那么背向船头而立的那个人射出的子弹是否会比对方的子弹飞得慢？

相对于海面来说，从船头射向船尾的子弹的运动方向与船航行的方向相反，这颗子弹的速度自然慢于从静止的船上射出的子弹，而船尾射向船头的那颗子弹的运动速度要快一些。但这并不影响两人的决斗，因为当船头的子弹射出时，船尾的子弹也正好射过来，所以当船匀速运动时，子弹速度上的差异恰好被相互抵消了——船尾射出的子弹必须追赶上正在远离自己的目标，而目标的速度正好是这颗子弹比对方快的那部分。

最后的结果是，对于两个仇人各自的目标而言，航行中的船上射出的这两颗子弹的运动与它们在静止的船上做出的运动是相同的。

当然我们必须说明，这种情况只限于在做匀速直线运动的船上。

图2　谁先被子弹打中

“有一艘做匀速运动的大船，假如你和朋友同时被关进船甲板下的一个大房间里，你们肯定不能马上判断出船是否在运动。但如果你们在房间里跳远，那么肯定与在静止的船上跳出的距离相等。即使你面向船尾的方向腾空跳起时，甲板的地面正向相反的方向运动着，你也不会因为船在高速运动而向船尾跳得更远，向船头跳得更近些。如果你向位于船头方向的同伴扔东西，你用的力气绝不会比向反方向扔东西时用的力气更大。房间里的苍蝇同样会到处乱飞，不会只停在靠近船尾的位置……”

这段话引自伽利略第一次提到经典相对论的那部作品，值得一提的是，作者本人差点儿因为这本书而被宗教裁判所下令烧死。

根据这段话，我们更容易理解用来诠释经典相对论的常用定义：

“某个体系中运动的特性，并不取决于该体系正处于静止状态还是正在做与地面相对的匀速直线运动。”

5. 风洞实验

经典的相对论原理在实际生活中能起到很好的作用，比如依据这一原理将静止与运动相互替代，在恰当的时候会收到非常好的效果。我们在研究空气的阻力对行进中的飞机或汽车所造成的影响时，就会研究与之相反的现象，也就是研究运动的气流对静止的飞机带来的影响。

可以做一个像图3那样的实验：将飞机或者汽车模型悬挂在工作舱X中，并使其静止不动。设置一根大管子，借助风扇V的作用在管子中形成空气流，观察这种空气流对模型产生的作用。在实验过程中可以看到，空气流沿着箭头所指的方向运动，在通过狭窄的喷口后，吹向工作舱X，最后又被吸回风洞中。最后得出的结果与实际情况是一样的。虽然在实际情况下，空气是静止不动的，而飞机或者汽车是高速行驶的。

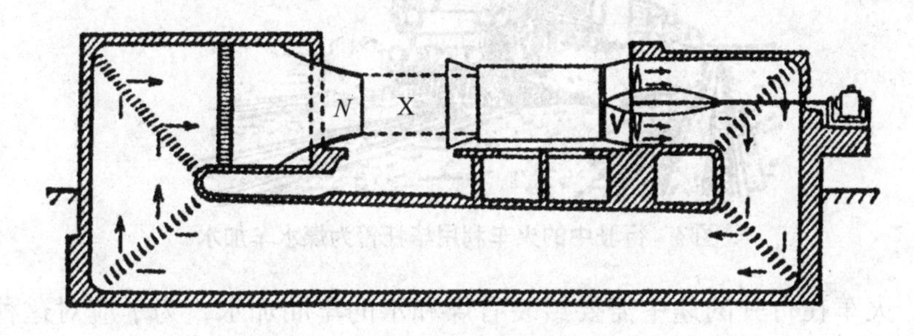

图3 风洞的纵剖面

这种实验现在已走出实验室，巨大的风洞已被制造出来，工作舱中悬挂的不再是飞机或者汽车模型，而是整架飞机或整辆中型汽车。在这种巨大的风洞中，空气流动的速度已经可以与音速相媲美了。

6. 给飞驰的列车加水

如图4所显示的那样，把一根下端弯曲的水管垂直放入水中，使下端的管口迎向水流的方向。这根管子被称为毕托管，水流入这根管子里，会使管子里的水平面高于水流的水平面，高出的部分用 H 表示，水流的速度决定着 H 值的大小。这个实验所显示的是我们熟知的力学现象，而铁路工程师们将这一现象加以转换，用静止代替运动，用运动代替了静止。

图4　行驶中的火车利用毕托管为煤水车加水

火车在行驶的途中需要给装有煤和水的车厢加水，为了应对这种需求，可以在一些车站的两条铁轨间修建如图4所示的长水槽，火车经过车站时将下端的毕托管（图4左上小图）浸入水槽中，弯管下端的开口向前，管子中的水平面上升，水就会进入行驶中的火车的车厢中（图4右上小图）。

那么这个方法会使水平面上升多少呢？力学中有专门研究液体运动的水力学分支。根据水力学的原理，毕托管中的水平面提升的高度，与用水流的速度垂直向上抛掷物体的高度应该是相等的。在忽略因摩擦、涡流等方面导致的能量消耗的前提下，这一高度可用公式表示：

$$H=\frac{v^2}{2g}$$

其中，v 为水流速度，g 为 重力加速度，g=9.8米/秒^2。

上例中，相对于毕托管来说，水流的速度与火车的速度是相等的，在这里我们使用一个保守的数值36千米/小时来计算，则 v=10 米/秒[1]，管中水平面提升的高度为：

$$H=\frac{v^2}{2\times9.8}=\frac{100}{2\times9.8}\text{米}\approx5\text{米}$$

显然，即使将因摩擦、涡流以及其他任何未被考虑在内的原因消耗掉的能量计入其中，利用这种方式为煤水车加满水都不成问题。

7. 惯性定律

现在我们来简单研究一下产生运动的原因。首先要明确为经典力学奠定基础的牛顿三定律之中的第二定律的结论——力的独立作用定律：力对物体的作用与该物体是否处于静止状态，或是否受惯性作用而运动，以及与是否受其他力的作用而运动无关。

在牛顿三定律中，第一定律是惯性定律，第三定律是作用力与反作用力相等定律，我们会在下一章对第二定律进行专门的讨论。简单地说，第二定律就是：速度变化的量是与作用力成正比例且与其方向相同的加速度。我们用 F 表示作用于物体上的力，m 表示物体质量，可将这一定律用公式表示为：$F=m\cdot a$（a 是物体的加速度）。本式中让人最难理解的是质量，人们通常以为质量就是重量，事实上它们根本不一样。根据公式，当力作用于物体时，物体得到的加速度越小，其质量就越大。也就是说，物体的质量可以依据它在同一个力的作用下得到的加速度来比较。

---

[1] 在本书中，千米 / 小时表示的是每小时的千米数，米 / 秒表示的是每秒钟的米数，米 / 秒^2 是加速度单位，表示的是在匀加速运动中每秒钟改变的速度为 1 米 / 秒。

惯性定律尽管与人们的习惯性看法完全相反，但却是三个定律中最易于让人理解的一个[1]。遗憾的是有些人对这个定律产生了错误的认识，他们常会认为惯性是物体有“在被外因破坏了原有状态前保持着原有状态”的特性。换句话说，他们认为没有原因，一切都不会发生，任何物体也都不会改变状态——这种观点将惯性定律错误地理解成了原因定律。真正的惯性定律与物体的任何物理状态都没关系，它只与静止和运动有关。惯性定律的内容是：在物体的状态被外力的作用改变之前，所有的物体都保持着原有的静止或匀速直线运动的状态。

换句话说，物体受到力的作用时有三种表现，分别是：①进入运动状态；②由直线运动改变为非直线运动或原本就进行着的曲线运动；③停止运动，运动速度加快或变慢。

如果某一物体在运动过程中没有出现上述的任何一种变化，那么就算它的速度像飞机一样快，它也没有受力。你必须记住：所有处于匀速直线运动之中的物体都没有受到外力的作用，或者说它所受到的外力处于平衡状态。这是现代的力学理论与伽利略之前的古代和中世纪思想家们的观点之间最大的区别，人们通常的思维与科学的思维之间差异很大。

此外，通过上面的描述，我们还可以发现，尽管摩擦看上去不大可能造成什么运动，但力学上却仍然把静止物体的摩擦看作力。为什么会有这样的观点？很简单，摩擦能够阻止运动，所以它就是力。

我们有必要再强调一遍，物体并非是趋向于静止的，它只是停留在静止的状态。这种区别就相当于一个人每天都待在家里，偶尔让他外出办事，和一个难得在家一次的人从家里出发外出办事之间的差别。就物体的本质来说，它压根儿就不是“待在家里”的，相反，物体有着高度的运动性，一个自由的物体哪怕只受到一丁点儿的力也会运动起来。我们说“物体趋向于静止”的说法有误，还有另外一个原因，那就是一旦

---

[1] 惯性定律的一部分说，做匀速直线运动的物体是无须外力作用的，而不掌握物理知识的人常会习惯性地认为，物体必定要受到外力的作用才会运动，当这个外力停止作用时，物体就会停止运动，可见这两种观点是完全相反的。

物体脱离了静止状态，就再也不会恢复静止了，如果不阻碍它的运动，它会永远保持被赋予的运动状态。

“物体对施加于它身上的作用力有抗拒作用”的说法是错误的。如果它是对的，那么当我们往茶水中加糖时，茶水也会为了不被改变口味而果断发出反作用力。人们之所以对惯性定律产生误解，在很大程度上是由于很多的物理与力学课本中都使用了类似“趋向于”这种有失严谨的词汇。当然，正确地理解第三定律并不轻松，现在就让我们对这一定律进行详细的分析。

8. 作用力与反作用力

拉开房门时，你必须把门把手朝自己的身体拉过来。在做这个动作时，你手臂上的肌肉会收缩，以便使两端靠近，与此同时，门与你的身体会彼此靠近。你会很明显地感觉到在自己的身体和门之间有两种力发挥了作用，一种力施加于门，一种力施加于你的身体。当然，也可能门是向外推的，这也没有什么区别，力的作用是将门与你的身体分离开。

我们讨论的有关肌肉力量的情况对所有的力都适用，无论这些力本质如何。任何一个力都作用于两个相反的方向，更形象的说法是，每个力都有两个端点，一端施加于受力物体上，另一端施加于施力物体上。力学中对这一内容有简短到甚至影响理解的描述：作用力等于反作用力。

这个定律认为自然界中所有的力都是成双成对的，无论任何时候，只要有力的作用出现，你就能在与之相反的方向找到一个与之相等的力。这两个力作用于两点之间，使它们互相接近或彼此分开。

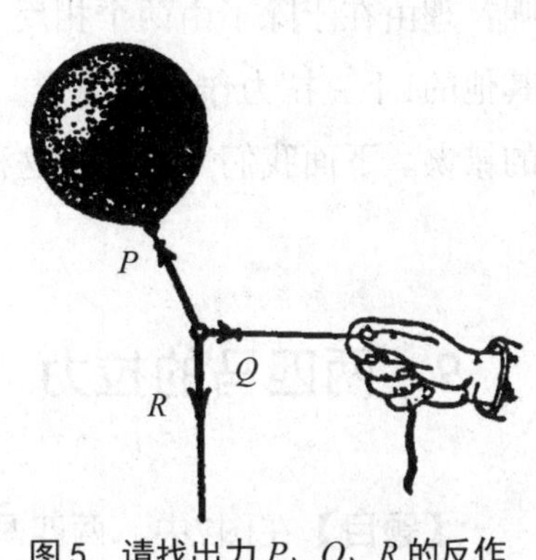

图5　请找出力 P、Q、R 的反作用力

图5中有一个氢气球，有三个力作

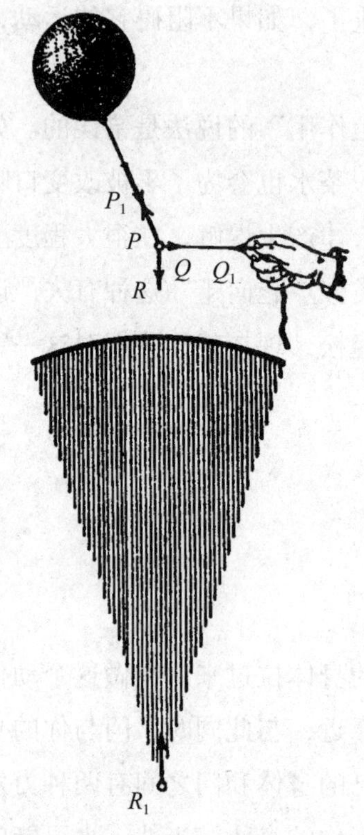

图6　图5的答案

用于它下面的坠子上，这三个力分别是 P、Q 和 R。其中 P 为气球的牵引力，Q 为绳子的牵引力，R 为坠子的重力。表面上理解起来，这似乎是三个单独的力，但事实上它们都有一个相等的但是方向相反的力。

图6所示的是图5中三个力的反作用力。力 P_1是力 P 的反作用力，它作用于绳子并通过这段绳子传到气球上；力 Q_1 是力 Q 的反作用力，它作用在手上；力 R_1是力 R 的反作用力，它作用于地球，原因是坠子在受到地球引力的同时也吸引着地球。

还有一点需要引起我们的注意。假如在绳子的两端分别施加1千克（1千克≈10牛顿）的力，并向两端反向拉这根绳子，那么绳子的拉力是多少呢？这个问题就像问你面值为1元钱的邮票的价格一样，答案就在问题里。是的，绳子受到的拉力是1千克。“两个1千克的力分别在绳子的两端向两边拉”和“绳子受到的拉力是1千克”是两个完全相同的概念。但是为什么呢？理由在于除了由两个相反方向的作用力组成的1千克拉力之外，没有其他的1千克拉力作用于绳子。你必须牢记这一点，否则就会犯很多无知的错误。下面我们来看几个这种类型的例子。

9. 两匹马的拉力

【题目】在图7中，两匹马分别用100千克的力拉一个弹簧秤，你能猜出此时弹簧秤的指针读数吗？

图7　向相反方向拉弹簧秤的两匹马

【解题】很多人会下意识地脱口而出：答案是100+100=200千克！这是不对的。根据我们在前一小节进行的分析，两匹马在相反的方向各用100千克的力同时拉中间的弹簧秤，弹簧秤受到的力只有100千克，并不是200千克。

因为同样的道理，如果将马德堡半球两边分别安排8匹马，让它们同时向相反的方向拉扯半球，千万不要认为马德堡半球受到了16匹马的拉力。因为如果没有相反方向的另外8匹马，任何一边的8匹马都不足以对半球产生作用，用一堵坚固的墙来代替其中一边的8匹马，结果也是一样的。

10. 两船竞速

【题目】图8中的两只船上各有一个人，他们手里都拿着绳子的一端，两只船都在利用绳子的拉力靠近码头。左侧船上那根绳子的另一端拴在码头的柱子上，右侧船上那根绳子的另一端在码头上的一位水手的手中，他正用力将右侧的船向码头这边拉。这三个人用的力一样大，哪只船最先到达码头？

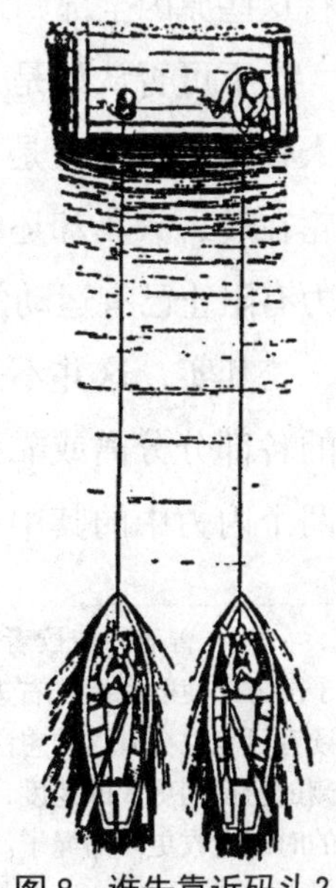

图8　谁先靠近码头？

【解题】很多人会认为右侧的那只船会先到，理由是有两个人在拉它，它得到的力量是双倍的，速度会更快，但这只船真的得到了双倍的力量吗？

如果船上的人和码头上的水手都在把绳子向

自己的方向拉，那么船受到的拉力就只是一个人的力。也就是说，右边船只受到的拉力与左边船只的相同。可见这两只船被同样的力拉向码头，所以它们会同时到达[1]。

11. 前行的奥秘

作用力与反作用力施加于同一物体的不同部位，这种情况在现实生活中并不少见。“内力”的例子有很多，比如肌肉的拉力，还有机车汽缸内的蒸汽压力等。这种“内力”有一个鲜明的特点，那就是在改变物体相互联系的各部位间的相互位置的同时，并不会使物体的各部分产生共同运动。比如在射击的时候，火药产生的气体会作用于一个方向，将子弹推向前方，但同时这种气体产生的压力又会作用于相反的方向，使枪体向后运动。在这个过程中，作为内力的火药气体压力不可能做到使子弹和枪体都向同一方向运动。这一结论难免使人迷惑，既然内力不能使整个物体产生共同运动，那么步行者怎样走路？火车怎样行驶？如果将这些原因全部归结为摩擦力的作用是不全面的。

不可否认的是，人走路和火车行驶都必须有摩擦力的作用，不然，人在极滑的冰上是不能走动的，火车在结冰的铁轨上也会“打滑”，车轮在转，火车却还在老地方。我们在“惯性定律”一节中也提到过摩擦力有阻止已有运动的作用，但它是怎样使步行的人与火车运动的呢？

其实，这并不是什么奥秘。两个同时作用于物体的内力只能使物体的各部分分离或靠拢，却不能使物体产生运动。但如果能有第三个力将两个内力中的其中一个平衡甚至削弱，另一个内力就能毫无妨碍地使物

---

[1] 曾有一位读者对这一结论表示质疑，他认为右边的船会先到，因为人们会以收绳子的方式使船靠岸，右边有两个人在收绳子，必然会收得多，所以会先到。在看这本书时，读者可能也会有这种想法。这个简单的推理看上去似乎很有道理，但却并不正确。为了使右侧的船得到更大的速度，两个人就必须用更大的力拉绳子才行，只有这样，他们才能在同样的时间内收更多的绳子。但题目中已经说明“三个人用的力同样大”，在绳子张力相同的前提下，就算这两个人再怎么拼，也不会比左侧船上那个人收的绳子更多。

体产生运动。这个起到决定性作用的第三个力就是摩擦力，它将作用于物体的两个内力中的一个减弱，使物体受另一个内力的作用而运动。

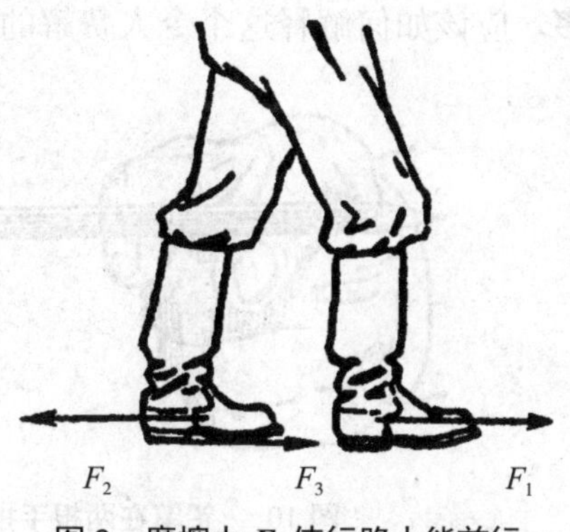

图9　摩擦力 F_3 使行路人能前行

假设你站在冰面上想向前走，先要向前移动右脚，这时，就开始有内力在你身体的各部分之间依照作用力等于反作用力的规律发挥作用了。这些内力不止一个，但最终作用于你双脚的力大致有两个，其中一个力 F_1负责向前推动你的右脚，而另一个同样大小但方向与之相反的力 F_2负责使你的左脚向后移动。要注意，它们只能使你的双脚一只向前一只向后，却不能牵制你身体的重心，它仍旧停在原地。如果你左脚下的冰面恰好撒了一层沙子，这个表面就变粗糙了，作用于左脚的力 F_2就会完全或部分地被左脚底受到的摩擦力 F_3平衡，这时，作用于右脚的力 F_1就在推动右脚前移的同时，成功地把你身体的重心向前推动了（见图9）。同样的，我们走路时会先向前抬起一只脚，这时脚与地面之间的摩擦就会减少，作用于未离开地面的那只脚的摩擦力会使这只脚避免向后滑动。

对于火车来说其原理就复杂多了，但简单总结一下也可以理解为：作用于火车主动轮的摩擦力与两个内力之中的一个相互平衡，另一个内力便成功地推动火车向前运动了。

12. 令人费解的铅笔

像图10那样，将一根长铅笔放在水平伸出的双手食指上，慢慢地将两根手指互相靠近，同时保持铅笔始终处于水平状态。注意观察铅笔，它会轮番在两根手指上移动——先是这边，然后那边，然后又这边，又那边……假如用一根更长的棍子代替铅笔，这样轮番移动的次数就会更多。应该如何解释这个令人费解的现象呢？

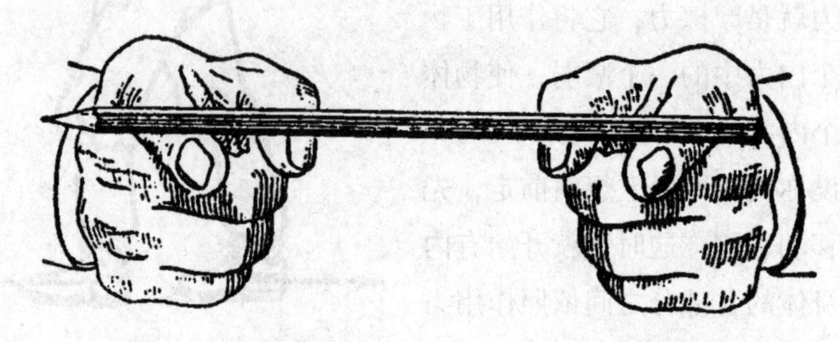

图 10　铅笔在两根手指移近时交替向两个方向移动

这里用到两个对我们有帮助的定律——库伦-阿蒙顿定律和物体滑动时的摩擦力比物体静止时的摩擦力小的定律。前者的内容是，物体开始滑动时受到的摩擦力 T 是某个表示相互摩擦物体特征的数值 f 与物体作用于支点的压力 N 的乘积。用公式表示为：

$$T = f \cdot N$$

接下来我们试着用这两个定律来解释一下铅笔移动的问题。

铅笔被放在两根手指上的时候很难使压在两根手指上的力完全相等，总会有一根手指上受到的力相对大些，所以那根手指上的摩擦力就比另一根手指上的大。

库伦-阿蒙顿定律公式清晰地向我们展示了这一点。这个较大的摩擦力阻碍了铅笔的运动，使铅笔只能在压力较小的支点上移动。但铅笔的重心随着两根手指的相互接近越来越靠近滑动的支点，使该支点上的压力渐渐增大。由于物体滑动时的摩擦力比物体静止时的摩擦力小，所以这个滑动会持续一会儿，直到滑动支点上的压力增加到一定的程度，同样增加到极限的摩擦力就会使这一支点上的滑动停止，这时另一个支点——也就是另一根手指就成了滑动的支点。这种现象会轮番出现，在两根手指互相靠近的过程中，它们会轮流成为铅笔的滑动支点。

13．“克服惯性”，克服了什么

这一小节，我们来分析一个常会使人误解的问题。只有“克服”某个静止物体的“惯性”，才能使它运动起来——你一定对这种说法并不陌生。我们都知道，自由物体不可能抗拒任何使它运动的力，但这里所要“克服”的究竟是什么呢?

事实上这种“克服惯性”的说法所要表达的是：要使某个物体以某种速度运动起来需要足够的时间。任何一个力都不可能使物体瞬间达到要求的运动速度，不论这个力的质量有多小或者有多大。

公式 $Ft = mv$ 能够证明这一结论。我们会在下一章对这一公式进行详细的介绍，但愿你在物理课本中已经对它有所了解。当时间 $t = 0$ 时，质量 m 与速度 v 的乘积 mv 一定也是0。此时可以断定速度 $v = 0$，因为质量 m 绝对不会为0。也就是说，如果不给力 F 足够的时间来施展自己的作用，它不可能赋予物体任何速度，不可能使物体运动。对于一个质量非常大的物体来说，必须给力较长的时间以发挥作用，从而使物体呈现明显的运动状态，所以在一开始的时候，我们会感觉物体没有立刻进入运动中，并且在抵触力的作用，就是这一点让人们误以为物体在运动之前必须“克服惯性”，或者说“克78服惰性”。

14．车厢的运动

在读过前一个小节之后，相信也会有读者想到这样的问题——为什么在铁轨上让一节车厢运动起来比使一节车厢保持匀速运行更难?

其实难度比这要大得多，如果不对其施加足够大的力，根本就不可能令车厢成功运动起来。要知道，在润滑状况良好的前提下，使一节空车厢在水平的轨道上保持匀速运行，有15千克的力就足够了。但同样是这一节空车厢，如果它是静止的，那就很困难了，不用上60千克的力绝对不可能使它动起来！

造成这种差距的原因是什么呢？使一节静止的车厢运动起来，最初的几秒钟里必须施加足够的力使车厢达到所需要的速度，但这里所需要的力相对来讲并不大，主要的原因也不在这里，导致难度增大的最主要原因在于静止车厢的润滑状况。静止的车厢刚开始运动时，润滑油还没有均匀分布到所有轴承上，移动起来当然就很费力。但当车轮艰难地转完第一周后，润滑状况立刻有了明显的改善，接下来维持以后的运动就容易多了。

第二章

重要的力学公式

1．力学公式

在这本书里我们会遇到不少力学公式，下面我们把一些重要的力学公式列成一个简单的表格，以帮助那些学过力学但忘记这些公式的读者记起它们。这个表格是根据乘法表的形式绘制的，两栏栏头的两个量的乘积写在这两栏相交的单元格里。

	速度 v	时间 t	质量 m	加速度 a	力 F
距离 s	—	—	—	（匀加速运动 $\frac{v^2}{2}$）	功 $A=\frac{mv^2}{2}$
速度 v	（匀加速运动）$2as$	距离 s（匀速运动）	冲量 F_t	—	功率 $W=\frac{A}{t}$
时间 t	距离 s（匀速运动）	—	—	速度 v（匀加速运动）	动量 mv
质量 m	冲量 F_t	—	—	力 F	—

下面我们举例说明一下这张表格的用法。

在匀速运动中，速度 v 与时间 t 的乘积表示距离 s（公式 $s=vt$）；用不变化的力 F 与距离 s 的乘积表示功 A，它同时也是质量 m 与末速度的平方 v^2 的乘积的 $\frac{1}{2}$（公式 $A=Fs=\frac{mv^2}{2}$ [1]）。

我们能在乘法表里找到相应的除法结果，也同样能从这个公式表格里推导出下面的关系：

加速度 a 是匀加速运动的速度 v 与时间 t 相除得到的商：公式 $a=\frac{v}{t}$；

力 F 与质量 m 相除得到的商是加速度 a：公式 $a=\frac{F}{m}$；

---

[1] 公式 $A=Fs$ 只在力的方向与距离的方向相同的情况下才能适用，大多数情况下要使用比较复杂的公式 $A=Fs\cos\alpha$（α 为力的方向与距离方向间的夹角）。公式 $A=\frac{mv^2}{2}$ 只在物体的初速度为零时才适用，假设初速度为 v_0，末速度为 v，想要计算导致这种速度变化所花费的功，所使用的公式就是 $A=\frac{mv^2}{2}-\frac{mv_0^2}{2}$。

力 F 与加速度 a 相除得到的商是质量 m：公式 $m=\frac{F}{a}$。

在做力学计算题时需要计算加速度，按照我们给出的表格，你可以列出所有涉及加速度的公式，比如公式 $as=\frac{v^2}{2}$，$v=at$，$F=ma$，从中还可以得到 $t^2=\frac{2s}{a}$ 或 $s=\frac{at^2}{2}$。

在根据这个表格列出的公式中，你一定会找到适合你题意的那个。

比如你想要计算力的公式，那么就从下面这些公式中选一选吧：

$Fs=A$（功）；

$Fv=W$（功率）；

$Ft=mv$（动量）；

$F=ma$。

有一点要注意：重量 P 也是力，因此从公式 $F=ma$ 中可以导出公式 $P=mg$（g为物体接近地面时的重力加速度）。当重量为 P 的物体被提高的高度为 h 时，我们可以使用从公式 $Fs=A$ 中导出的公式 $Ph=A$。

在这个表格中有很多的空格，空格的意思是相关两个量的乘积没有物理意义。

2. 后坐力

我们来研究一个对上题中的公式表格进行实际应用的例子。

枪膛里的火药产生的气体压力把子弹向前推，同时也把枪体向后推动，我们习惯把这种向后推动枪体的力称为“后坐力”。

你一定好奇枪体在这个后坐力的作用下产生的运动速度有多大。根据作用力与反作用力相等的定律，火药产生的气体对枪体造成的压力应该等于它对子弹造成的压力，这两个力不仅大小相等，作用的时间也相等（见图11）。

图 11 射击时枪体会发生后坐现象

在公式表格中你会看到，力 F 与时间 t 相乘，会得到“动量” mv，也就是等于质量 m 与速度 v 的积，即 $Ft=mv$，这是当物体由静止状态转变为运动状态时的动量定律表达式。简单来说，动量定律的内容就是物体的动量在一定时间内的改变与在同一时间内作用于该物体的力的冲量相等：

$$mv-mv_0=Ft$$

其中，v_0是初速度，F 是恒定不变的力。

对于子弹和枪体来说，冲量 Ft 的值没有任何不同，因此二者的动量也同样相等。我们用 m 表示子弹的质量，用 M 表示枪的质量，用 v 表示子弹的速度，用 V 表示枪的速度，可列出公式：

$$mv=MV\text{，}\quad \frac{V}{v}=\frac{m}{M}$$

现在我们给出已知的数值：步枪的质量为4 500克，其子弹的质量为9.6克，子弹的初速度为880米/秒。将这些数值代入公式：$\frac{V}{880}=\frac{9.6}{4\,500}$，求得步枪的速度 V=1.9米/秒。

经过简单的计算就能知道，步枪后坐时造成的破坏力相当于子弹的 $\frac{1}{470}$。尽管我们都知道子弹和步枪的动量相等，但对那些射击新手来说，枪体后坐力对身体造成的撞击仍然称得上非常强烈，甚至会把射手撞伤。

我们来举一个更大的例子，比如速射野战炮，它的质量是2 000千克，它能将重达6千克的炮弹以600米/秒的速度发射出去，而炮体产生后坐的速度大约是1.9米/秒，这与步枪大致相同。但相对于步枪来说，速射野战炮的质量实在太大，它的运动产生的能量是步枪的450倍。

你也许见过旧式的大炮，它的炮身在射击时会向后退，但现代大炮却有了很大的改进。现代大炮炮身末端的炮架被固定住了，不会发生移动，炮弹发射时产生的后坐力只会使炮筒向后滑动。

舰炮就更先进了，虽然它在发射时也会出现后坐现象，但是由于安装了特殊的装置，炮筒在发生后坐之后会自动返回到原来的位置上。

认真阅读的读者应该已经注意到了一个问题，那就是在我们所举的例子中，动量相等的物体，它们的动能却不相等。这并不值得大惊小怪，毕竟根本不可能从 $mv = MV$ 推导出 $\frac{mv^2}{2} = \frac{MV^2}{2}$。

对于 $\frac{mv^2}{2} = \frac{MV^2}{2}$ 来说，只有当 $v = V$ 时才会成立。但缺乏力学知识的人常会错误地以为只要动量相等（或者说冲量相等），动能就一定相等。这种事并不是没有发生过，甚至曾经发生在一些发明家的身上。他们认为有相等的功就会有相等的冲量，于是致力于发明一种不必费什么能量就能工作的机器，结果当然是白忙一场。这充分说明，不能掌握充足的理论力学知识，是做不成发明家的。

3. 经验背离了真相

在研究力学的时候我们常会有令人惊讶的发现，那就是在一些非常简单的事情上，我们凭借日常的思维做出的判断居然与科学背道而驰。

比如某个物体受到一个不变的力的作用，那么这个物体会怎样运动？在我们看来，这个物体一定会做匀速运动。反过来讲，如果我们看到一个物体在做匀速运动，也会认为这个物体正在受一个不变的力的作用，比较明显的有火车或大车的运动等（见图12）。

但在科学面前，我们的判断败下了阵来。在力学原理中，一个不变的力不会产生匀速运动，它产生的是加速运动！其原因在于这个不变的力会不断在原本积累的速度上增加新速度，而物体做匀速运动的时候根本就没有受力，否则它不可能做匀速运动。

那么我们在日常生活中通过不断观察所积累的经验难道都错了？

不能这么说。事实上这些经验并非是完全错误的，只不过日常所观察到的现象发生的范围极其有限。我们在生活中观察到的物体运动都是在有摩擦和介质阻力的情况下发生的，但力学定律中所提到的却是自由运动的物体。

如果想使一个物体在受到摩擦力的前提下仍然能够保持同样的运动速度，的确必须有一个不变的力施加于它才行。但这个力的作用并不是使物体运动，而是用来克服运动的阻力，为物体的自由运动创造条件。因此确切地说，在存在摩擦力的前提下，将一个恒定不变的力作用于某个物体，是完全有可能使它做匀速运动的。

这也让我们认识到了自己在日常生活中积累的力学经验，都是根据不完整的材料，在头脑中推测出来的，而要做出科学的结论必须有广泛的研究基础。力学的定律不仅来自于火车或汽车的运动，也同样来自于行星与彗星的运动。

想得出正确的结论，我们必须不断扩大自己的视野，将事实存在的现象与偶然出现的现象加以区分，只有这样才能深刻揭示现象存在的根本原因，从而使这些知识在实践中得到有效的应用。

图12　火车在匀速行驶的过程中机车的牵引力克服对运动的阻力

从下面分析的一些现象中，我们能够明确地看到推动自由物体的力的大小与物体得到的加速度之间的关系，这种关系就是牛顿第二定律中所确定的关系。我们应该会为自己没有在学生时期学到这一定律而感到遗憾。下面这个例子是虚构出来的，但是这个现象的本质清楚地说明了这个重要的关系。

4. 在月球上发射大炮

【题目】在地球上发射炮弹，炮弹的初速度可以达到900米/秒。我们知道，物体在月球上的重量是地球上的$\frac{1}{6}$。如果这门大炮是在月球上发射炮弹，炮弹的初速度是多少呢（不考虑因月球没有大气层而导致的差别）？

【解题】有相当一部分人会给出这样的回答——无论在地球还是在月球上，火药气体的压力都相等，但物体在月球上的重量却是地球上的$\frac{1}{6}$，那么炮弹在月球上的速度一定是在地球上的速度的6倍，也就是$900\times6=5\,400$米/秒，所以炮弹在月球上的速度是5.4千米/秒。

这个答案看上去无懈可击，但很遗憾它并不正确。

力、加速度和重量之间根本没有前面分析过程中提到的关系。牛顿第二定律的力学公式（$F=ma$）告诉我们，与力和加速度有关的是质量，不是重量。炮弹在月球上的质量与在地球上相同，那么火药气体产生的压力作用于炮弹而产生的加速度无论在月球上还是在地球上都是一样的。在加速度和距离都相等的情况下，速度当然是一样的（这个结论可在公式$v=\sqrt{2as}$中得到，这里的s指炮弹在炮膛中运动的距离）。

可见，大炮即使挪到月球上发射，炮弹的初速度也与在地球上相等。但如果真的在月球上发射，那么这枚炮弹究竟能射多高、多远呢？这是一个完全不同的问题。但可以肯定的是，月球上那少得可怜的重力对这一问题的结果产生了重大的影响。

假设这门大炮在月球上将炮弹以900米/秒的速度垂直向上发射出去，那么炮弹可达到的最高高度可以表示为：$as=\frac{v^2}{2}$，这个公式可以在本章第一节给出的公式表格中找到。

我们已经知道月球上的重力加速度是地球上的$\frac{1}{6}$，那么a的值就是$\frac{g}{6}$。将a值代入上式，可推出：$\frac{gs}{6}=\frac{v^2}{2}$，则炮弹垂直向上最大可达的高度：$s=6\cdot\frac{v^2}{2g}$。如果是在地球上发射，不考虑大气层的影响，炮弹垂直向上最大可达的高度：$s=\frac{v^2}{2g}$。

结论是：炮弹在月球上和在地球上的初速度相同，但在月球上发射可达的高度却是在地球上的6倍（未计入地球上的空气阻力）。

5．水下射击

【题目】菲律宾群岛的棉兰老岛附近的水深可达11千米，这里是世界海洋最深的地方之一。

假如在这里的海底有一支子弹上膛的气枪，并且枪膛里是压缩空气，那么在水下扣动扳机的话，能否将子弹发射出去?

关于这支气枪的子弹射出速度，我们用转轮手枪的270米/秒来表示。

【解题】子弹在水下“射出”时，有两个相反的压力作用于它：水的压力和枪膛中压缩空气的压力。这两个压力的大小很重要，如果水的压力大于空气压力，子弹就不可能被射出枪膛，但如果情况恰好相反，子弹就能被射出了，所以我们最好把这两个压力计算出来进行一下比较。

计算水的压力很容易：每10米水柱的压力相当于1千克/厘米^{2}的压力，也就是一个大气压，那么11千米水柱的压力就是1 100千克/厘米^2。

假设这把气枪的口径与转轮手枪一样都是0.7厘米，那么枪膛的截面积就是（$\frac{1}{4}\times3.14\times0.7^2$）厘米^2=0.38厘米^2，子弹发射瞬间所能承受的水压为：（$1\,000\times0.38$）千克=418千克。

接下来该计算枪膛中的压缩空气的压力了。子弹在枪膛中的运动一定不会是匀加速运动，但为了演算起来更清晰简洁，我们假设它是匀加速运动，然后计算出通常情况下子弹在枪膛中运动的平均加速度。

在公式表格中我们找到了公式$v^2=2as$。用v代表子弹在枪口时的速度，a表示平均加速度，s表示枪膛的长度，也就是在压缩空气的作用下子弹走过的距离，假设这个值为22厘米。将v=270米/秒=27 000厘米/秒与$s=22$厘米代入公式中，可推出$27\,000^2=2a\times22$，计算结果为a=16 500 000厘米/秒^2。

这个加速度似乎大到超乎我们的想象，但这并不奇怪，因为通常情况下子弹通过枪膛的时间都是极短的。假设子弹的质量为7克，现在我们用公式$F=ma$来计算空气作用于子弹的压力：

$$F=7\times16\,500\,000\text{达因}=115\,500\,000\text{达因}\approx1\,150\text{牛顿}$$

由于1千克≈10牛顿，而115千克≈1 150牛顿，因此空气作用于子弹的压力大约是115千克。

可见，子弹发射的瞬间受到了来自压缩空气的115千克的推力，同时受到了来自相反方向的418千克的水的压力。在这种情况下，子弹不仅不会被射出枪膛，甚至还会被水的压力往枪膛的深处猛推。

当然，气枪不可能产生这么大的压力，但现代科技完全有能力制造出能与转轮手枪一争高下的气枪。

6. 地球的速度

对力学知识了解较少的人通常会认为，不可能用很小的力推动质量特别大的自由物体，这又是一个常识性的错误。

力学给出的真实答案与此完全不同：任何力都能使任何自由物体运动，哪怕是最微小的力也可以做到，就算物体的重量再大都不会影响结果。这一定理的公式是我们多次提到过的：$F = ma$，由它可以推出：$a = \frac{F}{m}$。

我们通过加速度的公式可以知道，只有当力$F = 0$的时候，加速度a才会等于0，所以任何力都可以使任何自由物体运动。

但由于运动阻力——或者说由于摩擦的存在，我们很少有机会碰到自由物体，因此就不能在日常生活中随时见到可证明这一定律的实例。想要使物体运动，必须对它施加大于摩擦力的力。

举个例子来说，由于干燥的橡木与橡木之间的摩擦力约为物体重量的34%，如果想要推动一只放在干燥的橡木地板上的橡木箱子，我们要用的力至少得是木箱重量的$\frac{1}{3}$，但如果橡木与橡木之间没有摩擦力，那么一个小宝宝随便伸出一根手指轻轻一碰，沉重的箱子就会移开了。

自然界中极少有不受摩擦和介质阻力的影响而自由运动的物体，真正达到这种自由程度的物体只能在天体中寻找，比如太阳、月球、行星，甚至也包括地球，那么这是否意味着人仅用自己肌肉的力量就能推动地球呢？

的确如此，人在运动的同时也带动了地球的运动！

当我们跳跃时，双脚跳离地球表面的同时，不仅使身体得到了速度，也有一个相反的力作用于地球并使它向相反的方向运动，那么这个运动的速度是多少呢？

依据作用力与反作用力相等的定律，我们跳跃时，将身体向上抛起的力与作用于地球的力是相等的，所以这两个力的冲量也相等，那么身体和地球所得的动量也一样。将地球质量用M表示，人体质量用m表示，将地球得到的速度用V表示，人体速度用v表示，我们可以得到公式$MV = mv$，并推出：$V = \frac{m}{M}v$。

地球的质量比人体的质量大得多，因此人跳跃时施加于地球的速度比将自己从地球上抛起来的速度小得多。由于地球的质量是可测的，因此它在这种情况下的速度的具体数值是可以计算出来的。

我们知道地球的质量 M 约为 6×10^{27} 克，现在假设人体的质量 m 为60千克（即 6×10^{4} 克），则 $\frac{m}{M}$ 的值为 $\frac{1}{10^{23}}$，可见人跳起的速度是地球速度的10^{23}倍！

如果人跳离地表的高度 h 为1米（100厘米），使用速度公式 $v=\sqrt{2gh}$，可得到其初速度 $v=\sqrt{2\times981\times100}$厘米/秒 ≈ 440厘米/秒。那么，地球的速度就是$V=\frac{440}{10^{23}}$厘米/秒 $=\frac{4.4}{10^{21}}$厘米/秒。

这个数小到令人失望，但它毕竟大于零。为了加深对这个概念的理解，我们假设地球将会在得到这个速度后的10亿年内一直保持这个速度，那么在这10亿年里地球会移动多远呢？我们用公式 $s=vt$ 来计算。

取 t 的值为$10^{9}\times365\times24\times60\times60$秒 $\approx 31\times10^{15}$秒，代入公式：

$$s=\frac{4.4}{10^{21}}\times31\times10^{15}\text{厘米}=\frac{14}{10^{5}}\text{厘米}$$

将单位转换为微米（1微米=1‰毫米），可得 $s=\frac{14}{10}$ 微米。

现在你应该意识到这个速度小到多么令人不可思议的程度了吧？假如地球用这个速度持续做匀速运动10亿年，它移动的总距离连$\frac{1}{6}$微米都不到。也就是说，即使过去了10亿年，我们用肉眼也根本看不出它移动过！

好在人跳起时赋予地球的速度并没有持续下去，因为人的脚刚跳离地球表面，地球引力就开始使他的运动减慢了。假设地球吸引人体的力是60千克，那么人体吸引地球的力也同样是60千克，人体的速度越来越慢，地球得到的速度也会越来越慢，最后这两个速度同时归零了。

可见，人可以在极短的时间内赋予地球一个速度，即使这个速度非常小，甚至不能使地球移动。事实上，只要找到一个和地球完全无关的支点，人是可以仅凭自己肌肉的力量移动地球的。遗憾的是，无论运用多么丰富的想象力，也很难想象人的两脚应该支撑在哪里。

7. 蹩脚的发明

如果发明家们想要使不懈的探索结出技术发明的果实，避免把探索的过程变成证实空想的过程，他们就必须坚定地在自己的探索过程中严格遵循力学定律，其中绝对不能违背的除了能量守恒定律，还有一旦被忽视就会置发明于绝境的重心移动定律。

重心移动定律认为，物体或物体系统重心的移动并非只受内力的影响。比如炮弹在飞驰的途中爆炸，炮弹的碎片在落到地上之前，这些碎片的共同重心仍会沿完整炮弹的重心移动路线而移动（未计算空气阻力）。这个结论只在一种情况下存在差异，那就是如果物体本来就是静止的。如果物体的重心本来就是静止的，那么没有哪个内力能使它的重心移动。

重心移动定律也能对前面我们提到的结论“人不能靠自己的力量站在地球表面上，让地球有丝毫的移动”做出解释。无论是人施加于地球的力，还是地球施加于人的力都属于内力，所以它们无法做到使地球和人体的共同重心发生移动。当人在跳起后落回原地时，地球也回到了原位。

举一个有教育意义的例子。这是一位蹩脚的发明家设计一种新型飞行器的过程。你会在这个例子中看到，如果忽视重心移动定律，发明的过程将会陷入怎样的迷途。

“假设有一根闭合的半圆形管子，组成它的两个部分分别是直线部分 AB 和它上面的弧线部分 ACB（见图13）。管子里装着螺旋桨，有一种液体正在螺旋桨的推动下向着一个方向不停地流动。液体在流经弧线 ACB 部分时会对管子外壁产生压力，也就是离心力。于是一个向上的力 P 产生了（见图14），由于液体在

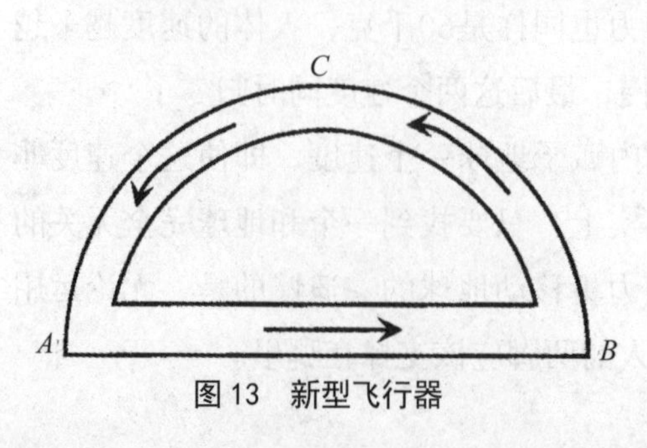

图 13　新型飞行器

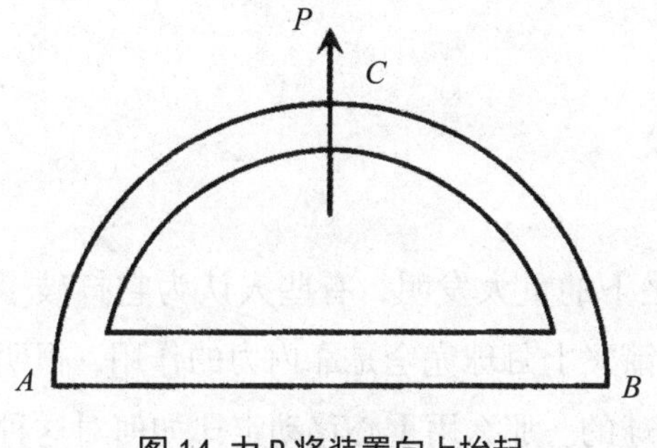

图 14 力 P 将装置向上抬起

流经直线 *AB* 部分时没有产生离心力，所以力 *P* 不受任何反方向的力的作用。”发明家根据这些内容做出了结论，认为当水流达到足够大的速度时，整个装置会被力 *P* 向上抬起。

让我们来判断一下这个发明家的结论对不对。

其实只看字面上的描述，我们就能断定这个装置不可能移动。因为这个装置中的力都是内力，内力不可能使包括管子、管内的液体以及螺旋桨在内的整个系统的重心发生移动，所以这个装置像发明家所描述的那样产生一般的前进运动是不可能的，他的论证过程存在非常重大的疏忽。

错误很明显：其实离心力不仅在液体流经弧线 *ACB* 部分时出现，在水流转弯处，也就是在 *A* 点和 *B* 点也有离心力。在 *A*、*B* 两点的这两个弯转得比较急（曲率半径很小），而转弯越急离心效应就越大，所以在这两点处应该还有两个离心力 *P* 和 *Q*（见图15），它们形成的合力向下平衡了力 *P*。遗憾的是发明家在设计这个飞行器时忽视了这两个重要的力，可见他对重心移动定律是不了解的，否则就算没有注意到这两个力，他也会发现自己的设计并不合理。

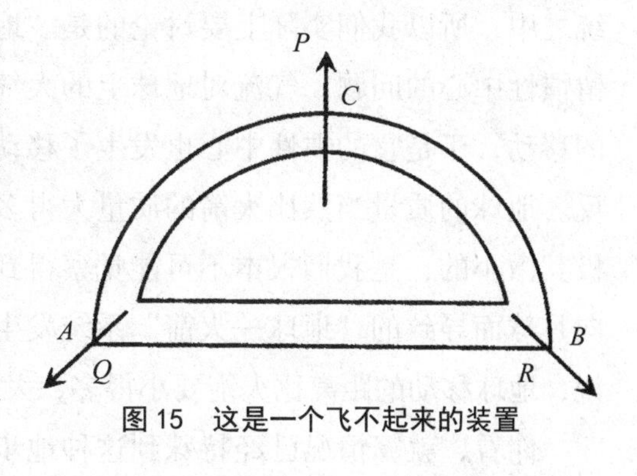

图 15　这是一个飞不起来的装置

400多年前达·芬奇的一句名言令人颇为回味，他说力学定律“对工程师和发明家们形成了很强的约束力，使他们不敢凭空向自己或别人许诺根本不可能实现的东西”。

8. 飞行中的火箭重心

喷气式发动机是基于新技术之下的重大发明，有些人认为它打破了重心移动定律。他们的理由是，火箭飞上月球完全是靠内力的作用，很明显它是带着自己的重心一起飞上月球的。那么用重心移动定律如何对这种情况做出解释呢？火箭的重心本来是在地球上的，但发射后却被带到月球上去了，这难道不是彻底打破了重心移动定律的鲜明实例吗？

这种看法是不正确的，它的出现与一种误解有关。我们观察火箭发射的过程就会明显看到，如果火箭喷出的气体没有接触地球表面，火箭是无法将自己的重心带上月球的，而飞向月球的并非完整的火箭整体，它只是火箭的一部分，另一部分（也就是燃烧的产物）的运动方向是完全相反的，所以说整个火箭系统的惯性中心[1]仍然留在原位。

事实究竟是怎样的呢？

其实火箭喷出的气体冲击到地球的表面，使整个地球包括到火箭系统之中，所以我们实际上要讨论的是“地球—火箭”这个巨大的系统保留惯性中心的问题。气流对地球上的大气形成冲击，使地球发生了轻微的移动，于是它的惯性中心也发生了移动，其方向与火箭运动的方向相反。地球的质量当然比火箭的质量大得多，因此即使地球发生的移动是极其微小的，是我们根本不可能觉察得到的，也完全能够将因为火箭飞向月球而导致的“地球—火箭”系统发生的重心移动抵消掉。从理论上说，地球移动的距离比火箭要小得多，大概是火箭的几百万亿分之一。

你看，就算情况已经特殊到这种地步，重心移动定律也仍旧能解释一切。

---

[1] 力学中谈到由几个物体或许多粒子组成的系统时一般不说它的重心，而是说惯性中心，只有当整个系统与地球相比非常小的时候，才认为它的惯性中心与重心重合。

第三章

重　力

1. 悬锤与摆

在人们看来，悬锤与摆恐怕是最简单的科学仪器了，但就是这么简单的工具，却帮助人们取得了神奇的科学功绩。在它们的帮助下，人们深入到了地球的核心！想象一下深入我们脚下几十千米深的地方究竟意味着什么？要知道世界上最深的钻井也达不到$\frac{3}{4}$千米，这与地面上的悬锤和摆探测出的深度根本难以相提并论！

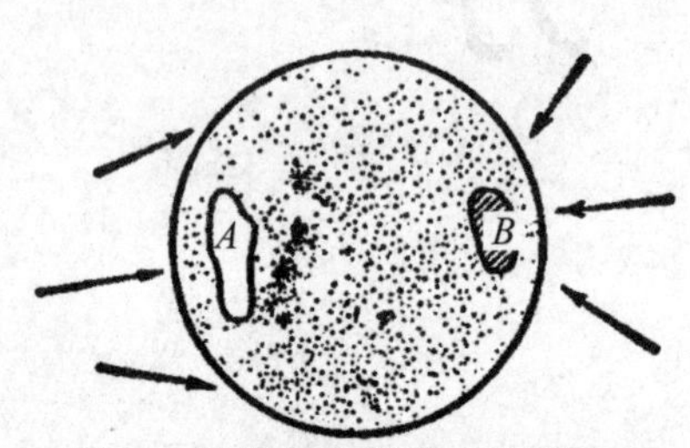

图16　地层中的空隙*A*与密层*B*都能使悬锤偏斜

这一科学功绩的力学原理并不难理解。如果地球具有完全均匀的结构，我们就能计算出悬锤在任何地点上的方向。但事实上地球浅层与深层的质量分布并不均匀，因此悬锤理论上的方向就被改变了（见图16）。比如说悬锤在山峰附近会略微偏向山峰的方向，离山峰越近，山峰的质量越大，悬锤的倾斜程度就越大（见图17）。然而地层里的空隙对悬锤是近乎排斥的，它会使悬锤被周围的质量吸引到相反的方向，这时的排斥力有多大？相当于能够填满这个空隙的所有填充物的质量能够产生的引力。不仅如此，当蕴藏的物质密度小于地球基本地层的密度时，悬锤就会受到排斥，只不过力度上略小一些罢了，所以悬锤是能够帮助人们判断地球内部构造的比较理想的工具。

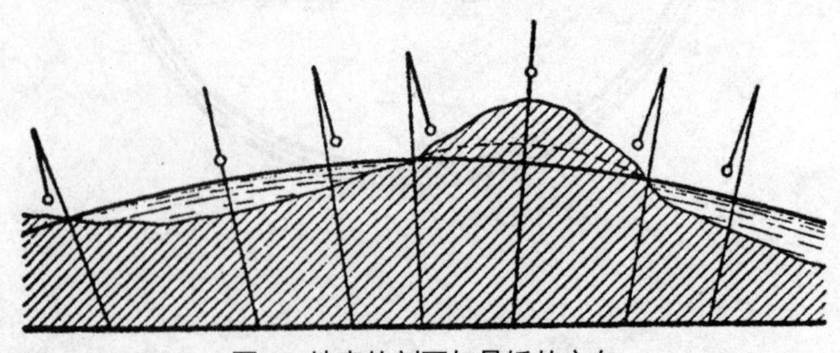
图17　地表的剖面与悬锤的方向

相对而言，摆在这方面的能力更加突出。这种装置的性能在于：如果摆动幅度非常小，那么每摆一次所用的时间与摆幅的大小几乎没什么关系，因为摆动的时间是相同的。我们研究一下与摆动的时间真正有关的因素，即摆的长度和它在该地点的重力加速度。在摆动幅度比较小的情况下，任何一次全摆所用的时间（周期 T）都可以用下面的公式表示：

$$T = 2\pi\sqrt{\frac{l}{g}}$$（l 为摆长，g 为重力加速度）

假设摆长为1米，重力加速度的单位就应该是米/秒^2。我们把每秒向一个方向摆动一次的摆叫作“秒摆”，在研究地层的结构时，如果使用秒摆，就有下面的公式：

$$\pi\sqrt{\frac{l}{g}} \text{ 与 } l = \frac{g}{\pi^2}$$

很明显，任何重力的改变都会对摆的长度产生影响，为了真正实现秒摆，就必须对摆的长度进行调整。使用这种方法，即使是重力的千分之一的变化都能探测到。

使用悬锤与摆进行类似研究的方法比想象中要复杂得多，但在这里就不赘述了，我想利用有限的篇幅为大家指出几个饶有趣味的结果。

我们会很自然地认为，悬锤在山的旁边时会向山倾斜，那么它在海岸边的时候也一定会向陆地倾斜。但实验结果恰好相反，摆能够证明，重力在海洋和海岛上的作用要大于在海岸边的作用，而它在海岸边的作用又要大于在远离海洋的陆地上的作用。这足以说明，组成海底地层结构的物质要比组成陆地地层结构的物质重，地质学家们推测出地壳的岩石构成的依据就是这些物理学事实探测到的珍贵资料。

这种研究方法在探查“地磁异常区”的原因时同样功不可没。

现在，另一种可以精确地记录重力异常的科学方法已经被发明出来了。由于地球的形状并非正圆形，构造也并非绝对均匀，这使人造地球卫星的运行受到了影响。从理论上讲，当卫星在山脉或者岩层密度很大的位置上空飞过时，这些地方的大质量物质会对卫星施加引力作用，导致卫星的飞行高度略有下降，并加大卫星的飞行速度，而事实上，只有当卫星为避免受大气阻力的影响而将飞行高度提升到极限时，才可能使这些效应被记录下来。

2. 在水中摆动

【题目】把一只挂钟的钟摆放进水里，钟摆的摆锤呈流线型，它几乎能将水对摆锤的阻力降低为零，那么钟摆在水中的摆动周期会有变化吗？或者说，钟摆在水中摆动的速度与在空气中有什么不同？

【解题】直觉上来看，钟摆在几乎没有阻力的介质中的摆动速度似乎不大可能发生明显的改变，但实验结果却证明，钟摆在水中摆动的速度比介质阻力所能解释的速度要慢。

这个像谜一样的结论是怎样得出的呢？事实上，物体浸入水中会受到水的排斥作用，这个作用看上去似乎使钟摆的重量有所减轻，但却不可能使它的质量发生改变，所以此时的钟摆就像是被放到了一个重力加速度很小的星球上。根据前面所提到的公式$T=2\pi\sqrt{\frac{l}{g}}$，可以知道当重力加速度减小时，摆动的周期T会变大，所以摆动的速度会变慢。

3. 在斜面滑行

【题目】如图18所示，一个盛有清水的大烧杯被放置在斜面上。当烧杯静止时，水面AB呈水平状态，在大烧杯沿润滑状况非常好的斜面CD下滑的过程中，大烧杯中的水面还能保持水平吗？

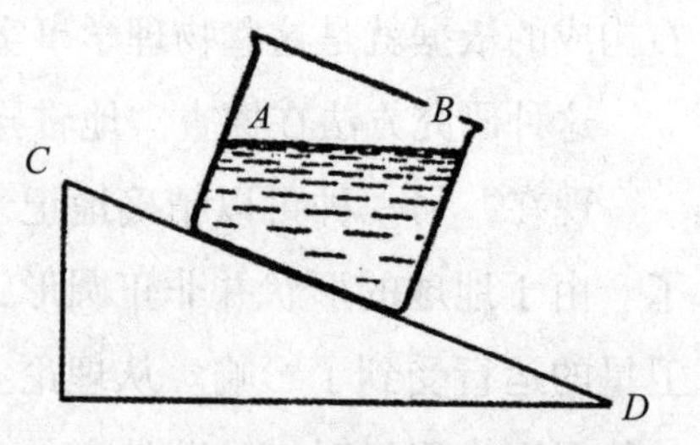

图18 盛有清水的容器在斜面上滑动，水平面会呈什么状态

【解题】实验中（见图19），当大烧杯在没有摩擦的斜坡下滑时，水平面与斜面是平行的。其原理在于：每个质点的重量 P 都能分解为力 Q 和力 R。其中力 R 的作用是使大烧杯与水沿斜面 CD 下滑，由于水与大烧杯的速度相等，这时水的质点作用于大烧杯内壁的压力就与静止时相等。力 Q 的作用是使水的质点压向大烧杯的底部，我们知道，力 Q 对水的作用与重力对静止液体质点的作用是相同的，所以水面垂直于力 Q，即与斜面的长 CD 平行。

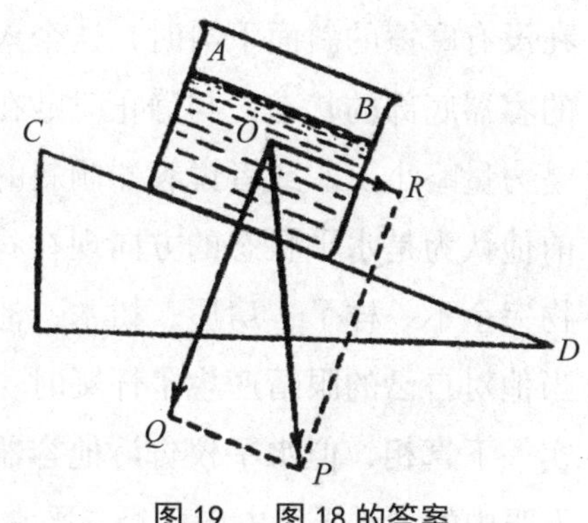

图19　图18的答案

但是，如果在摩擦力的作用下，盛有清水的大烧杯沿斜面匀速下滑，水面会发生变化吗？

根据经典相对论的定理，匀速运动不会使力学现象产生任何不同于静止状态的变化，所以水面不可能是倾斜的。显然，事实正是如此。

用经典相对论是否能解释这一现象呢？没问题。在大烧杯沿斜面匀速直线下滑时，烧杯壁的质点并没有得到加速度，但烧杯内的水的质点却在力 R 的作用下压向杯的前壁，所以水的质点受到了力 R 与力 Q 的合力 P 的作用，也就是垂直于质点重量 P 的方向的作用，这就是本题中的水面为什么呈水平状态。事实上在大烧杯下滑的整个过程中，只有最初开始运动的时候，因为烧杯当时还处于加速运动中，尚未实现匀速运动，所以水面会在相当短的时间里发生倾斜[1]。

4. 倾斜的水平线

假如有一个人手拿着木工用的水平仪被装进了一个大容器，当容器

[1]　物体不会立刻从静止状态转匀速运动状态，在这中间必定有一个时间极短的加速运动的过程。

在没有摩擦的斜面下滑时，这个人会惊奇地发现，自己的身体贴在倾斜的容器底部的状态，与静止时贴在水平的容器底部的状态一模一样（只是力量略小）。或者说容器倾斜的底面对他来说仿佛水平的一样，而此前他认为是水平状态的方向现在看来却变成了倾斜的。这时他眼前的景物完全不一样了，房屋、树木、池塘的水面，甚至整个世界都倾斜了。当他对自己的眼睛产生了怀疑时，会把手中的水平仪放在容器底部，证实一下真相，但水平仪告诉他容器底部的确是水平的！简单地说，这个人眼中的“水平”方向已经与平常意义上的“水平”不一样了。

有必要指出的是，在意识到自己的身体与垂直状态产生了偏差之前，我们都会以为周围的事物出现了倾斜。比如飞行员开着飞机转弯或者我们骑在旋转木马上的时候，都会有一切都发生了倾斜的错觉。

即使是你站在水平的地面，甚至是在绝对水平的道路上运动的时候，你都有可能出现这种错觉。比如火车进出站的时候，一般来说，车辆加速或减速时，车上的人都会感觉似乎发生了倾斜。

火车减速时，车厢里的人会感觉地板似乎在向火车运动的方向倾斜。此时若沿车厢向火车运行的方向走，会觉得似乎正在走向低处。如果转过身来向相反的方向走，又会感觉在走上坡路了，而当火车出站时，车厢里的人又会觉得地板向相反的方向倾斜了。

为什么人会觉得水平的地板是倾斜的呢？我们不妨做一个实验。把一个装有黏滞性液体（比如甘油）的杯子放在火车车厢里，当火车加速的时候，我们会清楚地看到液体表面发生了倾斜。相信读者曾多次在观察车厢顶部的排水槽时见过与此相似的现象，当火车冒雨进站时，积存在车顶排水槽中的雨水会向前流出，但当火车冒雨出站点时，水却向后流了。其原因就在于，与火车加速度方向相反的方向的水面升高了。

我们来对这个现象进行一下研究，不过最好把观察的视角放在车厢内，亲身体验一下这个加速运动。在这个视角内，相对于观察到的一切，我们本身是相当于静止的。我们会在火车做加速运动的时候感觉自己是静止的，车厢后壁施加于我们身上的压力在我们看来就像是自己用同样的力靠向车厢壁，或者说当座位带动我们的身体向前时就像是我们

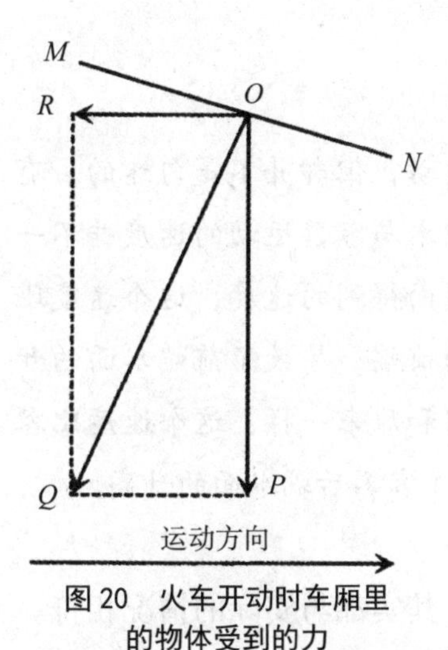

图 20　火车开动时车厢里的物体受到的力

的身体用同样的力带动了座位一样。作用于我们的似乎是两个力：一个是与火车运动方向相反的力 R，另一个是将我们向地板方向压的重力 P（见图20）。

在体验的过程中，我们会认为力 R 与力 P 的合力 Q 的方向是向下垂直的，而与它垂直的方向 MN 在我们看来似乎才是水平的。真正的水平方向 OR 呢？它在我们的眼中已经成了倾斜的，就像是火车运动方向的那一边升高了一样，而另一边似乎降低了（见图21）。

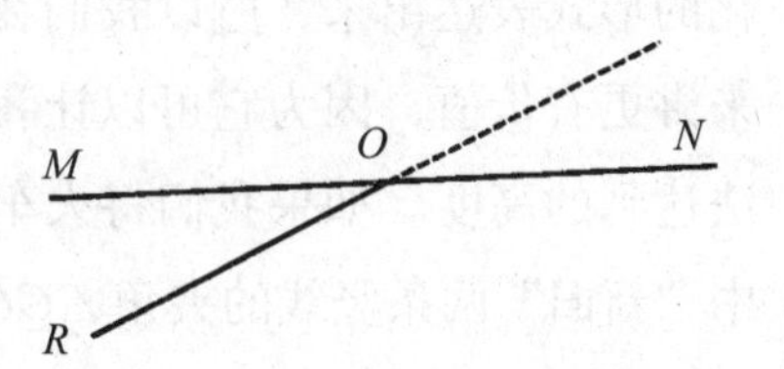

图 21　火车开动时车厢地板似乎倾斜了

假如此时车厢里恰好有一个盛了液体的盘子，它会怎样呢？此时液体的水平面方向也不是原来的水平面方向了，而是我们头脑中新定义出来的方向，也就是 MN 的方向，见图22（a）。在图中我们可以很清晰地看到这个现象（箭头代表火车运动的方向）。

如果火车开动的时候，车厢里的一切都按照我们新“定义”的水平线的方向倾斜，会导致什么样的结果呢？你应该已经知道了，所以现在你应该明白为什么火车顶上的水槽里的水会向后流，为什么盘子里的水会从后边缘溢出了。当然，你也会明白一个常见现象的原因——为什么火车开动时站在车厢里的人的身体会朝后倾。通常在解释这个现象时，人们都会认为火车开动时车厢地板将人的双脚向前带动，而人的身体和头仍旧呈静止状态。

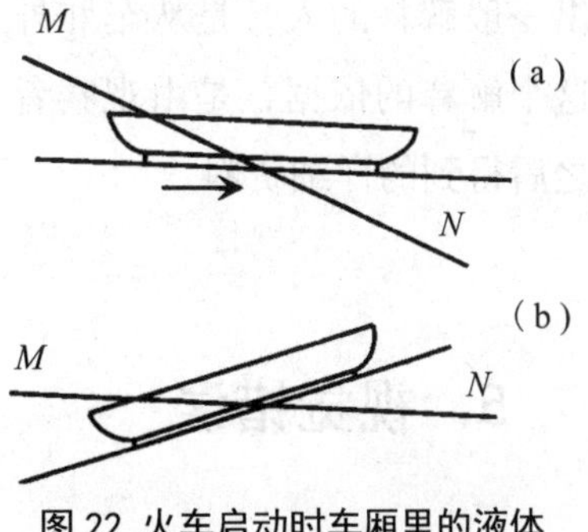

图 22　火车启动时车厢里的液体会从盘子后部边缘溢出来

类似的解释伽利略也做过，下面摘

录一段他的论述：

假设有一只装着水的容器正在做直线运动，但却并不是匀速的。有时加速，有时还会减速。在这种运动过程中水与容器运动的速度并不一致。当容器的运动减速时，水仍旧使用着前面得到的速度，这个速度比容器现在的速度快，所以水就涌向了窗口的前端，导致了前端水面的升高；而当容器的运动加速时，水的速度仍旧和原来一样，这个速度比容器的新速度要慢，所以水发生了滞后，导致了容器后端水面的升高。

将这种解释与前面我们的解释做比较，其实都与实际的情况相符。不过对于科学来说，最有价值的是既能符合实际情况，又能使人们以量化的形式表达出来，所以我们在前面对地板变倾斜现象做出的解释相对来讲更有价值，因为它可以让我们进行量化思考，这是大多数的解释无法达到的高度。如果我们将火车出站时的加速度定义为1米/秒^2，则图20中“新旧”两条竖线的夹角$\angle QOP$可以从三角形$\triangle QOP$中计算出来：

$$\frac{QP}{OP}=\frac{1}{9.8}\approx 0.1\text{；}\ \tan\angle QOP=0.1\text{ ；}\ \angle QOP\approx 6^{\circ}$$

这意味着，火车启动时，悬挂于车厢内的悬锤会出现6° 的倾斜，而车厢的地板也仿佛倾斜了6° 。人在车厢里走动时，会有走在有6° 倾斜的斜坡上的感觉，而这些细节依据一般的解释是无法确定出来的。

你可能已经发现，这两种解释之间的差异只是观点的依据不同，做出一般解释的人，是从车厢外对整个运动过程进行了观察，而我们做出这个解释的依据，是由观察者身处车厢之内，亲身参与了整个加速运动之后得到的详细资料。

5. 视觉错误

加利福尼亚有一座据说有磁性的山，为什么说它有磁性？这种说法来源于山脚下的一段长度大约为60米的路（见图23）。

这段小路是倾斜的，如果汽车司机在下坡的时候关闭发动机，汽车就会向坡顶的方向后退，就像是被山的磁力给吸引过去了一样。

小路上的这个怪异的现象十分惊人，当地人甚至在路边立了一块牌子，把这个现象原原本本地写在了上面。

但有人不相信会发生这种事，为此人们对这条小路进行了水平测量，结果令人大为震惊！

人们一直以为这是一条上坡路，哪知道测量结果证明，它居然是一条斜度为2° 的下坡路！而任何一条具有这个坡度并且拥有良好路况的公路都可以使汽车毫无顾虑地关闭发动机向前滑行！

这是一种视觉错误，在山区相当常见，也因此产生了许多传说。

图 23 位于加利福尼亚的那座传说中的磁山

6. 水往“高”处流

还有一种类似的现象是沿着山坡向上流动的河流，有经验的旅行者在提到这一现象时也会给出视觉错误的解释。伯恩斯坦教授有一本关于生理学的著作——《外在的感觉》，下面我来为大家摘录其中的一段：

我们常会在判断一个方向是否水平或者是否向哪一方向倾斜的时候出现错误。比如当我们走在一条略有倾斜的路上时，看到不远处有另外一条路与这条路相交，就会觉得那条路的坡度非常陡，但走着走着又会惊讶地发现，其实它并没有我们想象的那么陡。

之所以会产生这样的错觉，其实是由于我们会在行路的过程中下意识地把脚下的路当作基本的水平面，并不自觉地用它去衡量其他的斜度，所以就很自然地觉得其他道路的斜度更大。

之所以出现把上一小节中的把下坡路当作上坡路的错误，是因为在行走的时候，我们的肌肉完全感受不到只有2°～3°这么微小的坡度。但另外一种视觉错误显然更有趣，在一些地势不平的地方，人们常会觉得小河是在往山上流！

图24 河畔略为倾斜的小路　　图25 步行者感觉河水在向上流

我们再从上面提到的那本书中摘录一段：

沿着河边的一条略为倾斜的小路下坡时（见图24），如果水面的坡度特别小，看上去几乎就是水平流动的，我们就会认为河水正在向着上坡的方向流（见图25）。此时，我们眼中的小路是水平的，原因是我们习惯于将自己站立的平面当作基本平面来判断其他平面是否倾斜。

7. 铁棒的平衡

取一根正中心有钻孔的铁棒，将一根结实的金属条穿过铁棒的穿孔，像图26中那样，使铁棒可以绕金属条转动，然后转动铁棒。你知道铁棒会停在什么位置吗?

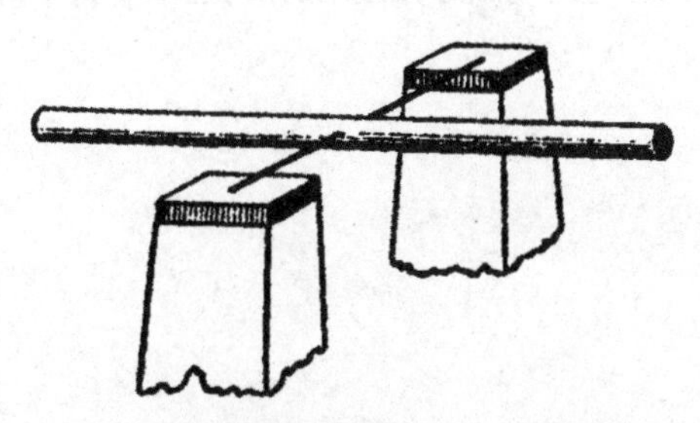

图 26 铁棒处于平衡状态，转动铁棒后，它会停在哪个位置上呢

大多数人会认为铁棒将停在水平位置上，他们认为唯一能使铁棒保持平衡的位置就是水平位置。如果想使他们相信这根支点恰好在重心上的铁棒在任何位置上都能保持平衡，根本不是一件容易的事情。

为什么说服他们这么难？这些人一定是见过用绳子绑在棒子中间并把它吊起来的情景，这种情况下的确只有在水平位置上才能实现平衡。所以他们就凭经验做出了结论，认为被支撑于轴上的铁棒想要保持平衡也必须是在水平位置上。

不过被绳子吊起来的棒子和中心穿过铁条的铁棒所处的条件不一样。对于中心穿了铁条的铁棒来说，它的支点正好在重心上，它所呈现的状态被称为随遇平衡状态；而吊在绳子上的棒子的悬挂点处于比重心略高的位置（见图27），只有在重心与悬挂点位于同一条垂线上，或者说只有当这根棒子位于水平位置时，它才能实现静止（见图27右上）。后者是人们常见的情形，它带给人们的认识颇为根深蒂固，所以他们难以相信支撑于水平轴上的铁棒能在倾斜的位置上保持平衡。

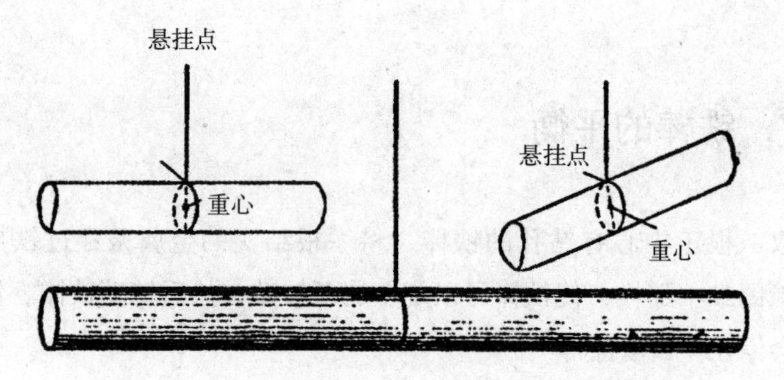

图 27　被一根绳子吊起来的棒子怎样保持平衡

第四章

下落和抛掷

1. 日行千里

在童话里，穿上一种叫“日行千里靴”的鞋子，可以实现日行千里的愿望。现实中已经有了能够实现这样的愿望的发明，只不过不是靴子，而是一种叫作“跳球”的氢气球。整套跳球装置包括一个小型气球大小的气囊和一套为气囊充气的工具，将气囊充满氢气后，它会成为一个直径为5米的气球，把人系在气球上，能跳得又高又远（见图28）。你不必担心它会把人带入高空，因为气球的上升力要小于人的体重。这种氢气球曾经为运动队帮了大忙，计算运动员在这种跳球的帮助下能跳多高，是一件令人非常感兴趣的事。

图 28 跳球

假设某人的体重比使气球升空所需的升力大1千克，你也可以理解为，系在这种气球下面的人的体重是1千克，这只是一个正常成人的体重的$\frac{1}{60}$，你认为这个人能跳出正常高度的60倍的高度吗？

我们来进行一下计算。系在气球下面的这个人受到了1千克（约10牛顿）的地球引力，气球自身重量约20千克，这意味着，系在一起的人与气球的总质量是$20+60=80$千克，约10牛顿的力作用于人与气球，使它们得到的加速度为：

$$a=\frac{F}{m}=\frac{10}{80}\text{米/秒}^2\approx 0.12\text{米/秒}^2$$

而现实中，人原地跳起的高度很难超过1米。跳起时的初速度 v 可以根据公式 $v^2=2gh$ 计算出来：$v^2=2\times9.8$米^2/秒^2，则$v\approx4.4$米/秒。

系在气球上的人在起跳时，会给自己的身体一个速度，这个速度一定小于没有气球的时候。我们刚刚提到的这两个速度之间的比，应该等于人的质量和人与气球总质量的比。通过公式 $Ft=mv$ 也可以看出这一点，在两种情况下的力 F 与时间 t 都是相等的，所以动量 mv 也是相等的，可见速度与质量有反比例的关系，因此，人的身上系着气球跳起时的初速度为$4.4\times\frac{60}{80}$米/秒=3.3米/秒，通过公式 $v^2=2ah$ 可计算此时跳起的高度 h：$3.3^2=2\times0.12\times h$，则 $h\approx45$米。

所以，一位运动员靠自己的力量最多也就能跳1米高，但系上这种氢气球，他就能跳45米高了！

这个结果是不是很有趣？我们再来计算一下进行这种跳跃需要的时间。前面已经知道，加速度为0.12米/秒^2，跳的高度是45米，那么跳到这个高度所用的时间可以根据公式 $h=\frac{at^2}{2}$ 计算出来：

$$t=\sqrt{\frac{2h}{a}}=\sqrt{\frac{9\ 000}{12}}\text{秒}\approx27\text{秒}$$

完成一次跳跃（即每跳起一次再落下）需要的时间是 $27\times2=54$秒。

由于加速度比较小，所以这种跳跃虽然高度比较惊人，但速度并不快。不过，如果不用气球，我们想要实现这样的跳跃，恐怕就得到重力加速度只相当于地球上的 $\frac{1}{60}$ 的另外某个小星球上去完成了。

在刚刚所做的计算以及后面的计算中，我们都选择将空气阻力忽略不计，但如果计入这个阻力呢？理论力学中有很多公式都可以把有空气阻力时跳出的高度和使用的时间计算出来，结论是有空气阻力的跳跃高度和使用的时间都比没有空气阻力时小得多。

我们再做一个关于跳远距离的计算。跳远运动员起跳的方向与地平线之间的夹角为 α，起跳时身体的速度为 v（见图29）。这个身体的速度可以一分为二，分成垂直速度 v_1和水平速度 v_2，这两个速度的公式分别为：$v_1 = v \times \sin\alpha$；$v_2 = v \times \cos\alpha$。

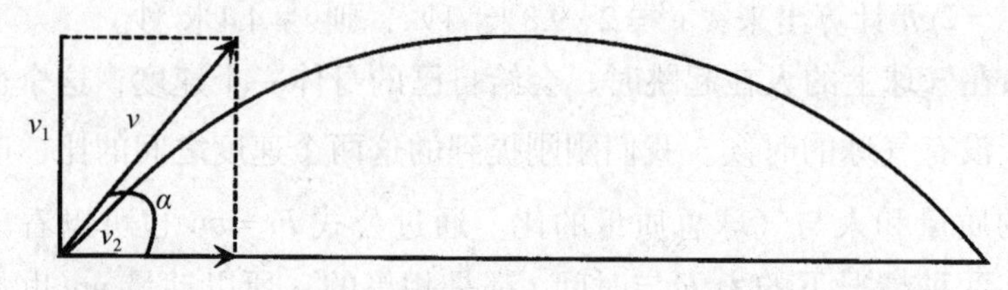

图 29　人向与地平线夹角为 α 的角度跳远时身体经过的路线

人跳远的时候，身体上升的过程只用了1秒钟便结束了，这时 $v_1 = at$，时间 $t = \frac{v_1}{a}$，身体跳起再落下所用的时间为：$2t = \frac{v\,sin\,\alpha}{a}$。

v_2在身体完成这一跳的过程中使其向水平方向做匀速运动，运动的距离是：$s = 2v_2t = 2v\cos\alpha \cdot \frac{v\sin\alpha}{a} = \frac{2v^2}{a}(\sin\alpha\cos\alpha) = \frac{v^2\sin2\alpha}{a}$，这就是运动员跳出的距离。由于正弦值一定小于或等于1，所以当$\sin2\alpha=1$时，这个距离达到最大。此时$2\alpha=90°$，即$\alpha=45°$。可见，在忽略空气阻力的前提下，运动员要跳出最远距离，跳的方向应该与地面呈45°角。我们根据前面得到的数值，用公式 $s = \frac{v^2\sin2\alpha}{a}$ 把这个距离计算出来：将v=3.3米/秒，$\sin2\alpha=1$，a=0.12米/秒^{2}代入公式中，可得：

$$s = \frac{3.3^2}{0.12} \approx 90\text{米}$$

这种距离的跳跃，跃过好几层的楼房都不成问题[1]。

你自己也可以做一个类似这种类型的简单实验，将一个小纸壳人吊在玩具气球上，纸壳人的重量要比气球升力大一点，这样不至于被气球拉得飞起来。然后你用手轻轻碰纸壳人，就会看到它高高地跳起来，又落回原地。要知道，虽然小纸壳人跳的速度很小，但空气阻力起到的作用可比真人跳的时候大得多呢。

[1]　一般情况下，物体被向与垂直线成 45° 角的方向抛出，它回落的最远距离等于以同样速度向上抛起所能达到的最大高度的 2 倍。在这个例子中，垂直向上抛起的最大高度是 45 米，应该记住这一点。

2. 人体炮弹

“人体炮弹”是颇受欢迎的杂技节目。把人当作炮弹放进炮膛，像打炮一样把他发射出来，他的身影会在高空中划出一道弧线，最后落在30米外的一张大网上（见图30）。我们在杂技节目中多次看到过这种节目。我们坐在圆形的马戏场里，看演员在穹顶下冲出大炮，感觉颇为惊心动魄。

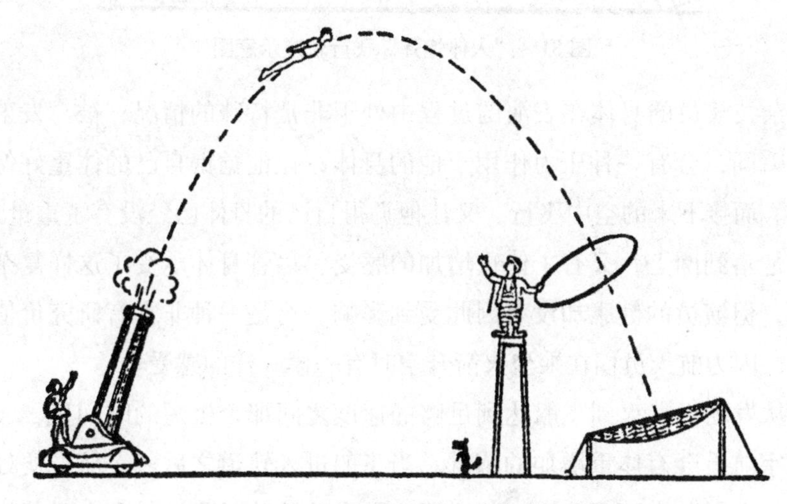

图 30　杂技节目中的“人体炮弹”表演

刚刚提到的“大炮”只是用于表演的道具，“发射”也只不过是以假乱真，与真正的用大炮发射炮弹不同。表演时为了加强节目效果，在人冲出炮膛之前，炮口会先冒一股浓烟，但事实上真正将演员抛出去的是弹簧，而不是爆炸的火药。当人在被弹簧抛出去之前先放一股浓烟，会使观众产生错觉，以为人是真的被火药爆炸产生的力量抛出去的。

莱涅特是著名的“人体炮弹”节目表演者，他记录了一些与表演相关的数据（见图31）：

大炮斜度……………………………………………………70°

飞行最高高度………………………………………………19米

炮膛长度………………………………………………………6米

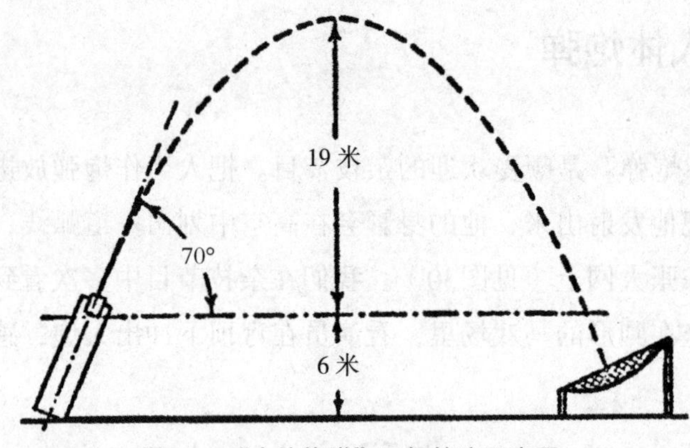

图 31　“人体炮弹”飞行轨迹示意图

杂技演员的身体在表演的过程中处于非常特殊的情况，被“发射”的一瞬间，会有一种压力作用于他的身体，让他觉得自己的体重好像增加了。而接下来的空中飞行，又让他觉得自己的身体已经没有了重量[1]。最后他落到网上，又有了体重增加的感受。尽管身体承受了这样复杂的情形，但演员的健康却没有因此受到影响。这是一种非常有研究价值的现象，因为航天员们在乘坐火箭升空时有一模一样的感受。

从发动机点火到飞船达到足够的速度之间那个极短的时间里，飞船中的宇航员会有体重增加的感觉。当飞船进入轨道之后，宇航员便处于失重状态了。大家都知道，苏联第二颗人造地球卫星发射升空时载有一位特殊的乘客——小狗拉伊卡。它同样在火箭加速时感觉体重在瞬间增加了，也同样在卫星进行轨道飞行的那几天处于失重状态。经历重重考验后的拉伊卡返回地球，这样的经历没有对它造成任何伤害。

仍旧把话题转回表演“人体炮弹”的演员上来，我们将表演的过程分为三个阶段。

第一个阶段是演员身处于炮膛中的阶段。令我们最感兴趣的是冲出炮口时，在他的自我感觉中多出来的那些体重，我们称之为“人造重量”。想要计算出它的大小，先要计算出物体在炮膛中的加速度，这需

[1]　参看本书作者的《趣味物理学》续编和 1934 年 9 月出版的《星际旅行记》。

要炮膛的长度和物体经过这个长度之后的速度。炮膛的长度是6米，速度是多少呢？

我们只知道它能把自由物体抛到19米的高度。上一节我们曾推出时间的公式 $t=\frac{v\times\sin\alpha}{a}$，在这里，$t$ 为上升的时间，v 为初速度，α为物体被抛出时的倾斜角度，a 为加速度。物体上升高度 h 的公式可变为：$h=\frac{gt^2}{2}=\frac{g}{2}\times\frac{v^2\sin^2\alpha}{g^2}=\frac{v^2\sin^2\alpha}{2g}$。则计算速度的公式为 $v=\frac{\sqrt{2gh}}{\sin\alpha}$。现在已经知道的数据包括：$g$=9.8米/秒^2，$\alpha$=70°，物体飞起的高度 h =（25–6）米=19米。代入公式中，可计算出：

$$v=\frac{\sqrt{19.6\times19}}{0.94}\text{米/秒}\approx20.6\text{米/秒}$$

这就是演员的身体冲出炮口的速度。

根据公式 $v^2=2as$，我们可以计算出加速度的值：

$$a=\frac{v^2}{2s}=\frac{20.6^2}{12}\text{米/秒}^2\approx35\text{米/秒}^2$$

这个加速度大概相当于一般重力加速度的3倍半，所以演员才会觉得自己在冲出炮口时体重增加了，事实上，这时演员自我感觉到的体重是原来的4.5倍。或者说，他感觉到的体重除了自己原本的体重外，还额外多了3.5倍的“人造重量”[1]。

接下来我们计算一下演员的这种体重增加的感受会持续多久。将已知的相关数据带入公式 $s=\frac{at^2}{2}=\frac{at\times t}{2}=\frac{vt}{2}$，可推出 $6=\frac{20.6\times t}{2}$，因此 $t=\frac{12}{20.6}$秒≈0.6秒。

假如演员的体重是70千克，那么在他的身体冲出炮口后的0.6秒钟内，他自我感觉到的体重大约是300千克。

第二个阶段是演员在空中自由飞行的过程。令我们最感兴趣的，

[1] 这并不是一种准确的说法。正常重量的作用方向是垂直的，而“人造重量”的作用方向与垂直之间有 20° 的夹角，不过二者的差别非常小。

是这个飞行过程持续的时间。或者换句话说，演员的失重感能够持续多久？

在上一节里我们已经得到了这种飞行的时间公式$t=\frac{2v\times\sin\alpha}{a}$，将已知的数据代入其中，可计算出$t=\frac{2\times20.6\times\sin70^{\circ}}{9.8}$秒≈3.9秒。

演员的失重感持续的时间在4秒左右。

第三个阶段是落到网上的阶段。我们感兴趣的话题与第一阶段一样，也是与“人造重量”有关的数据。如果接住演员的那张大网的高度与炮口一样，那么演员落到网上的速度就与他冲出炮口时的速度一样。但事实上网要比炮口低，所以演员落到网上的速度会相对大一点，但比较起来差距并不大，为了简化计算，我们就将它忽略了，我们在这里认为演员落到网上的速度同样是20.6米/秒。网是有弹性的，演员落到网上后会先向下陷，经过测量，这个深度是1.5米。可以说，原本20.6秒的落网速度在这1.5米中减速并最终归零了。在公式$v^2=2as$中可以看出，网造成减速作用的过程中的加速度为常数，所以有$20.6^2=2a\times1.5$，经过计算可以得到加速度$a=\frac{20.6^2}{2\times1.5}$米/秒^2≈141米/秒^2。

令人吃惊的是，这个数据是重力加速度的14倍。这个加速度最可怕的地方在于，它让演员在落入网中时感觉自己的体重比原来多了14倍！以70千克的体重计算，此时人能够感受到的体重要大于1吨！好在这个可怕的感受只持续了$\frac{2\times1.5}{20.6}$秒≈$\frac{1}{7}$秒，不然的话，就算技术再高明的演员在承受过这个重量之后也不可能毫发无损。如果持续的时间比较长，人很可能会被压死，至少也会无法呼吸。设想一下，谁的肌肉能承受住重量达1吨的胸腔？

3．异地破纪录

【题目】女运动员西尼茨卡娅在1934年的苏联哈尔科夫运动会上，曾以73.92米的成绩创造了双手掷球项目的全国新纪录。请问列宁格勒（今圣彼得堡）的运动员想要打破这个纪录，需要把球投掷多远呢?

【解题】有些人也许会觉得这个题目并不难，并很快给出“至少多出1厘米”的答案，但很遗憾这个答案是错的。如果裁判员足够公正，就算哪一位运动员在列宁格勒投掷出的距离比题目中的纪录少5厘米，也应该判为打破了西尼茨卡娅创造的纪录。

相信有读者很快猜出了原因。是的，投掷距离的长度取决于重力加速度，而在列宁格勒的重力要大于在哈尔科夫的重力。因此忽略两地的重力差异的裁判是有失公正的，因为在哈尔科夫参加投掷比赛相对于列宁格勒来讲具有更好的自然条件优势。

现在我们对这种问题进行一下理论上的分析。物体被以数值为v的速度向与地平面成α度角的方向抛掷出去，它能达到的最远距离[1]是：$s=\frac{v^2\times\sin2\alpha}{g}$。重力加速度$g$不是一成不变的，它在不同的地区会出现不同的波动，这种波动的程度只有在纬度相同的地区才会较小。例如：

阿尔汉格尔斯克（纬度64° 30'）…………………… 982厘米/秒^2

列宁格勒（纬度60° ）……………………………………981.9厘米/秒^2

哈尔科夫（纬度50° ）……………………………………981.1厘米/秒^2

开罗（纬度30° ）…………………………………………979.3厘米/秒^2

我们可以从前面列出的距离公式中看出，在其他条件相同的前提下，距离与g是成反比例的。如果西尼茨卡娅把在哈尔科夫将球投出

[1] 为简便起见，我们将空气阻力忽略不计了。

73.92米所花费的力量用在其他的地方，投出的距离就会不一样了。通过简单的计算，我们得到了这样一些结果：

在阿尔汉格尔斯克……………………………………73.85米

在列宁格勒………………………………………………73.86米

在开罗……………………………………………………74.05米

可见，要想在列宁格勒打破西尼茨卡娅在哈尔科夫创造的73.92米的纪录，只需成绩大于73.86米。但如果想在开罗打破这项纪录却不那么简单，即使投出同样的距离，也要落后于该纪录13厘米。而在阿尔汉格尔斯克，就算投掷的距离比这个纪录少7厘米，也应该被判为追平了纪录。

4. 驶过危桥

你一定知道儒勒·凡尔纳写的那本著作《八十天环游地球》，作者在书中描写了一个惊心动魄的场景——一列载满旅客的火车即将通过位于落基山脉中的一座铁路吊桥，却发现吊桥的桁架已经损坏了，随时都可能坍塌，火车该如何继续前行呢？这时，勇敢的火车司机毅然决定将火车开过这座危桥（见图32）。下面是小说中的描述：

"这座桥会塌的！火车会掉下去的！"

"不会的，只要开足马力，火车全速冲过去，就问题不大！"

于是，火车冒着浓烟全力向对岸冲刺了，它的速度之快就像根本没有碰到铁轨一样，重量就这样被速度抵消了……火车顺利地通过了吊桥，就在它刚刚驶过的那一瞬间，吊桥轰然坍塌了。

图32　小说中危桥的插图

这个小说中的场景是否有科学依据呢？速度能将重量抵消，这是真的吗？我们都知道，快速行驶的火车对铁路的路基造成的压力比慢速行驶时大得多，所以铁路规定火车在路基状况比较差的部分必须减速慢行。可在儒勒·凡尔纳的小说里设置的这个场景却恰恰与之相反，居然让火车开到最大马力通过情况糟糕透顶的吊桥，这样真的可以吗？

答案是肯定的，这种情况的确是有科学依据的。在某种特殊的条件下，就算吊桥正处于坍塌的过程中，火车仍然能避免车毁人亡的悲剧，平安驶过。关键在于，火车必须在一个极短的时间之内通过，这个时间要短到根本来不及让桥梁坍塌下去。下面我们来做个大致的计算，假设火车主动轮的直径是1.3米，活塞的运动速度是20次/秒。在这种情况下，主动轮每秒钟能转10周，车轮每秒可走出的路程是$3.14\times1.3\times10\approx41$

米，因此，火车的速度就是41米/秒。位于山里的河流一般都比较窄，我们假设河上的吊桥长10米，那么火车通过这座桥只需要$\frac{1}{4}$秒的时间。就算火车未过桥之前，吊桥就已经开始断裂了，那么断裂的部分在$\frac{1}{4}$秒的时间内只能下落$\frac{1}{2}gt^2=\frac{1}{2}\times9.8\times\frac{1}{16}\approx0.3$米，也就是30厘米。桥毕竟不是两端一起塌的，火车驶入的一端会先向下塌，在向下塌的最初几厘米时，对岸的那一端仍未断裂，所以一列极短的列车在桥全部坍塌之前到达对岸还是来得及的。我们的这一段分析，可以用来理解作家所描述的“重量被速度抵消了”这一惊心动魄的场面。但作家设计的这个桥段中也存在禁不起推敲的成分，比如“活塞每秒钟运动20次”，如果这种说法是真的，那么它能产生的速度将近150千米/小时，而在作者所生活的年代，火车的速度离这个速度还差得远呢。

现实生活中也有类似的例子。比如人们滑冰时对于薄薄的冰面常会冒险快速滑过，如果慢条斯理地滑过的话，冰面肯定就会裂了。

值得注意的是，“重量被速度抵消”的说法对拱形桥面上的运动是比较适用的，桥上通过的物体速度增加时，对桥梁的压力会减小。

伊格纳季耶夫少将在自己的著作《从军五十年》中记录过曾从瑞典看到过的场景：

海面结成的冰是光滑而富有弹性的，这使蹄子上打了防滑钉的马有了立足之地。但天气越来越暖，冰层变得越来越薄，骑马从冰上走过已经不那么容易了，除非策马扬鞭疾驰而过，否则就会遇到危险了。在你疾驰时，身后会传来薄冰在马蹄的践踏下破碎的声音。但有趣的是，冰层破碎的速度绝对比不上马奔跑的速度。

5. 谁先到达

【题目】在垂直的墙壁上画一个圆，使圆的直径为1米，并在圆的顶点处沿弦 AB 和弦 AC 装两条滑槽（见图33）。有三颗玻璃球从 A 点同时下落，其中的两颗分别沿着两条滑槽在没有摩擦的情况下滑落，第三颗则是自由下落的，你知道哪一颗玻璃球最先到达圆周吗？

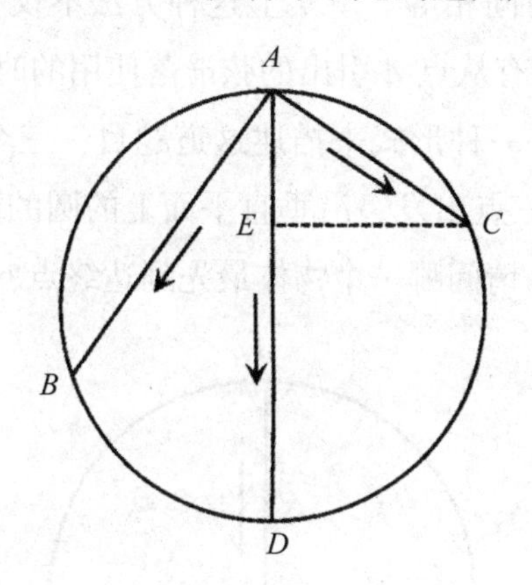

图 33 三颗玻璃球滑落的路线

【解题】很多人会用比较长度的方法得出结论——沿滑槽 AC 滑落的玻璃球是冠军，亚军是沿滑槽 AB 滑落的那颗，自由下落的那颗垫了底，但实验结果令人吃惊，三颗玻璃球竟然是同时到达的。

原因在于，三颗玻璃球的滑落速度不一样，速度最快的是自由下落的那颗。而对于沿滑槽滑落的两颗玻璃球来说，谁的坡度比较陡，谁的速度就比较快，从图上可见较快的是沿 AB 滑槽下落的那颗。因此可以得出结论，较快的速度能够弥补较长的路程带来的劣势。

在图33中，垂线 AD 是自由下落的玻璃球走过的路线，也是圆的直径。在不考虑空气阻力的前提下，这颗小球下落所用的时间 t 可以根据公式 $AD=\frac{gt^2}{2}$ 计算出来：$t=\sqrt{\frac{2AD}{g}}$。根据这一公式同样可以计算出沿

AC 滑落的玻璃球所用的时间 $t_1=\sqrt{\frac{2AC}{a}}$，其中 a 为玻璃球沿 AC 运动的加速度。我们不难看出，$\frac{a}{g}=\frac{AE}{AC}$，可推出 $a=\frac{AE\cdot g}{AC}$。

在图33中，我们可以知道 $\frac{AE}{AC}=\frac{AC}{AD}$，从而得出 $a=\frac{AC\cdot g}{AD}$。

因此 $t_1=\sqrt{\frac{2AC}{a}}=\sqrt{\frac{2AC\cdot AD}{AC\cdot g}}=\sqrt{\frac{2AD}{g}}=t$，沿弦 AC 和沿直径滑落的两个玻璃球所用的时间相等。事实上这种方法不仅在证明 AC 弦的时候有用，它能证明沿所有从点 A 引出的弦滑落使用的时间都相等。

我们可以用另外一种形式来描述这道题目：三个物体在重力的作用下分别从 A、B、C 三点出发，沿垂直平面上的圆的弦 AD 、BD、CD 向点 D 运动（图34），请问哪一个物体最先到达终点？

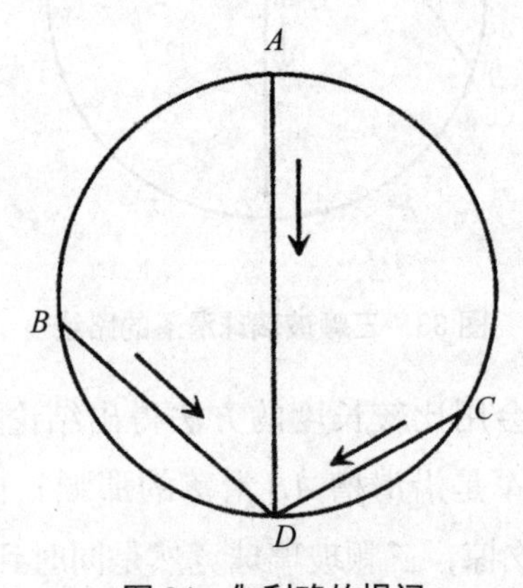

图 34　伽利略的提问

它们一定是同时到达的，你可以亲自动手证明一下。

伽利略曾在他的著作《两种新科学的对话》中提到过这个问题，并给出了答案。在这本书中，他对自己发现的物体下落规律进行了首次描述。

对于这一规律，伽利略在书中是这样说的：“从高于地平面的圆的最高点上引出多条到达圆周的倾斜平面，当物体沿这些平面下落到圆周时，所用的时间都相等。”

6. 四边形的形状

【题目】站在塔顶用同样的速度将四块石头分别向上、下、左、右四个方向抛出。如果不考虑空气的阻力，四块石头下落的过程中，以它们为顶点的四边形是什么形状？

【解题】大多数人会认为这个四边形应该是风筝的形状，理由是向上的那块石头被抛起时的速度不如向下的那块石头快，而向左右抛出的两块石头则会以比较适中的速度沿曲线飞行，但这个推理的过程忽略了尚不明确的四边形的中心点的下落速度。

如果换一个思路，解开本题就比较简单了。我们先来假设不存在重力，很显然，这四块石头肯定始终是一个正方形的顶点。

那么加入重力的作用呢？我们知道，任何物体在没有阻力的介质中下落的速度都是一样的，因此这四块被抛向不同方向的石头在重力的作用下回落时，它们的距离是相等的，或者说以它们为顶点的正方形会始终与其自身平行地移动，并且不会改变形状。

因此，四块石头下落的过程中，以它们为顶点的四边形是正方形。

现在我们再来看一个问题。

7. 彼此分离的石头

【题目】站在塔顶用3米/秒的速度将两块石头同时抛出，一块垂直向上抛，一块垂直向下抛。如果不考虑空气的阻力，你知道两块石头是以什么样的速度彼此离开的吗？

【解题】这里的思路与上一题相同，结论是(3+3)米/秒=6米/秒。不论你是否对此感觉一头雾水，石头下落的速度都不会对这个计算产生影响，这样的结论同样适用于地球、月球、木星等任何天体。

8．球飞起的高度

【题目】在比赛过程中，一名运动员将球投给了一个队友，两人当时的距离是28米，球在空中飞了4秒钟，你知道球在空中达到的最大高度是多少吗？

【解题】球在空中完成了两个方向的运动——水平方向和垂直方向，这意味着球用4秒钟的时间完成了上升和下落两个运动。在力学课本中我们得到过这样的定理：物体上升的时间与回落的时间相等，所以球上升的时间是2秒，下落的时间也是2秒。球下落的距离 s 可根据已知数值求出：$s=\frac{gt^2}{2}=\frac{9.8\times 2^2}{2}$米=19.6米。

因此本题的答案为：球在空中达到的最大高度约为20米。题目中给出的“两人距离为28米”这一数据对解答本题没有意义，空气的阻力在这种速度较小的情形中可以忽略。

第五章

圆周运动

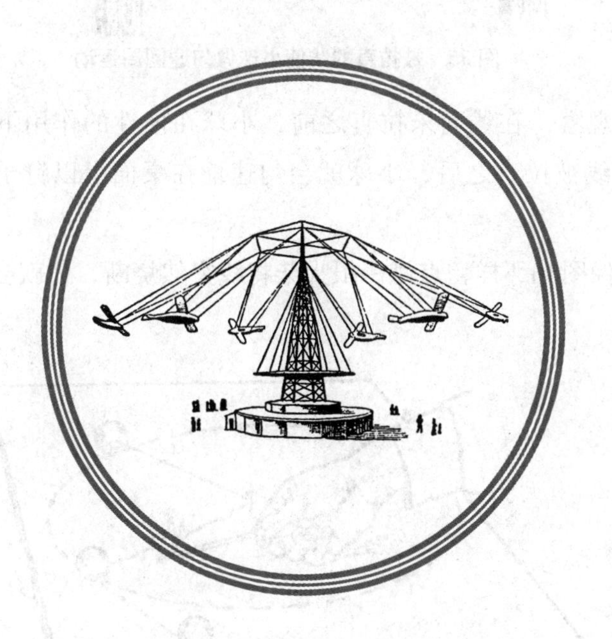

1．向心力与向心加速度

先让我们通过例子来了解一下后面即将用到的一些知识。如图35所示，平滑的桌面正中固定着一枚钉子，一根足够长的线将一个小球系在了钉子上，用手触动小球，使其以速度 v 运动。

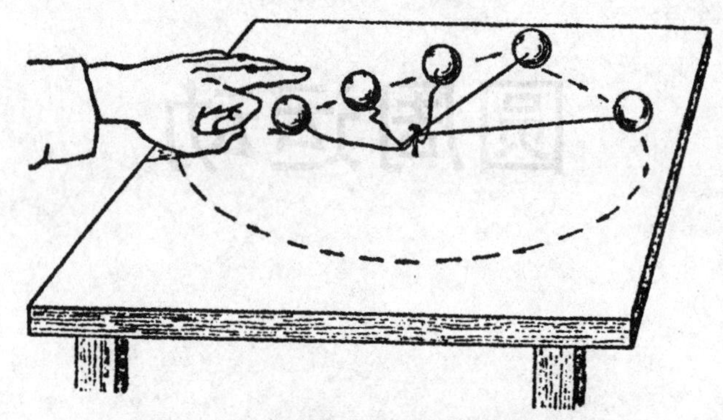

图 35　被拉直的线使小球做匀速圆周运动

注意观察，在线尚未拉直之前，小球在惯性的作用下会做直线运动，但当线被拉直之后，小球就会匀速地在桌面上以钉子为圆心画圈圈了。

这时像图36那样，点燃一根火柴将线突然烧断，你就会看到小球在

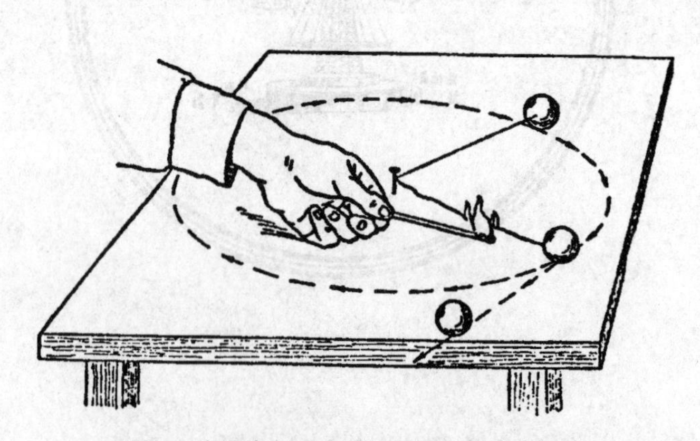

图 36 将线烧断后小球沿圆周切线方向飞出

惯性的作用下，沿着与圆周相切的方向飞了出去。这个场景，就像你用一块钢触碰磨刀砂轮时，看到火星沿砂轮的切线方向飞出去一样。

根据这个实验我们可以发现，使小球从惯性作用下所做的匀速直线状态中摆脱出去的是线的张力。由于力的大小与加速度成正比并且它的方向与加速度相同，所以线的张力给了小球一个与力的作用方向（即圆心方向）相同的加速度。这时，惯性的作用使小球想要离开中心方向，而线的张力却又把它向圆心的方向拉。这个拉它的力就是向心力，相应的加速度就是向心加速度。

如果用 v 表示沿圆周运动的速度，R 表示圆周半径，则向心加速度的公式为 $a=\frac{v^2}{R}$ 。根据力学第二定律可知向心力的公式为：$F=m\times\frac{v^2}{R}$ 。

现在我们来看一下向心加速度公式的推导过程，图37有助于我们更直观地进行分析。假设小球在开始旋转后的某一个瞬间恰好位于点 A 处，如果在这时将线烧断，那么小球就会在惯性的作用下，沿着圆周切线的方向至 B 点，在这期间所用的时间为 t，飞过的路程 $AB=vt$ 。但这时，线的张力——也就是向心力使小球的运动方向垂直向下，并很快到达了位于圆周上的点 C 处。我们由点 C 向 OA 做一条垂线 CD，则 AD 的长度就是小球在一个与向心力相同的力的单独作用下运动的距离。在第二章的公式表中我们可以找到无初速度匀加速运动的公式，通过它可以求得我们这里提到的距离 AD 的公式：$AD=\frac{at^2}{2}$，a 是向心加速度。

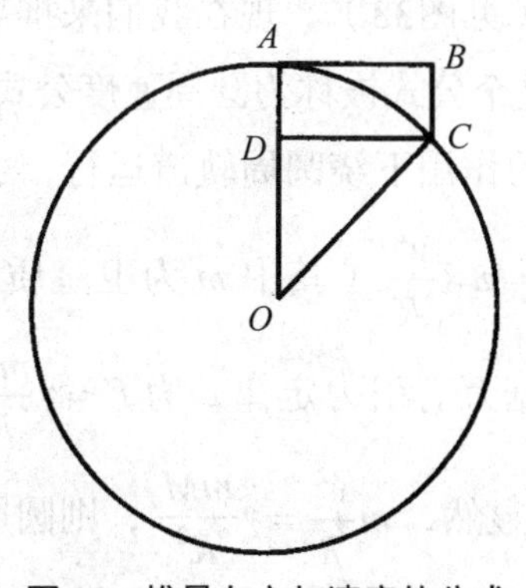

图 37　推导向心加速度的公式

根据勾股定理：$OC^2=OD^2+DC^2$。又由于$CD=AB=vt$、$OC=R$，$OD=OA-AD=R-\frac{at^2}{2}$，可推出：

$$R^2=(R-\frac{at^2}{2})^2+(vt)^2$$

或$R^2=R^2-Rat^2+\frac{a^2t^4}{2}+v^2t^2$。因此$Ra=v^2+\frac{a^2t^2}{4}$。

我们这里所做的研究是小球在一个非常短的时间t（可以短到接近于0）内所做的运动，所以公式中含有t^2的项$\frac{a^2t^2}{4}$和项Ra或项v^2比较起来简直微不足道，如果将其忽略，公式可简化为：$a=\frac{v^2}{R}$。

2. 人造卫星的速度

由于地球引力的存在，任何从地球升向上空的物体都会落回到地球上，但为什么人造卫星就不会落下来呢？关键在于将卫星送入轨道的巨大速度，它几乎达到了8千米/秒。

物体如果得到这个速度，就会像人造卫星一样不会落回地球。这时候的地球引力所能起到的作用就只是使物体的运动路线弯曲，并使它的运动轨迹成为围绕地球的封闭椭圆。

但在比较特殊的情况下，卫星的轨道也可以不是椭圆的，而是以地球中心为圆心的圆形（见图38）。现在我们来推导一下卫星在圆形轨道上运行的速度公式，这个公式被称为圆周速度公式。

卫星在向心力F的作用下绕圆周轨道运行，这个向心力F就是地球引力，它的公式为$F=m\times\frac{v^2}{R}$（其中m为卫星质量，v为速度，R为轨道半径）。同时，根据万有引力定律，力$F=\gamma\frac{mM}{R^2}$（其中M为地球质量，γ为引力常数）。显然，$m\frac{v^2}{R}=\gamma\frac{mM}{R^2}$，则圆周速度的值为：

$$v=\sqrt{\frac{\gamma M}{R}}$$

如果我们将卫星轨道距离地球表面的高度用 H 表示，r 代表地球半径，则圆周速度公式可变形为：$v=\sqrt{\frac{\gamma M}{r+H}}$。

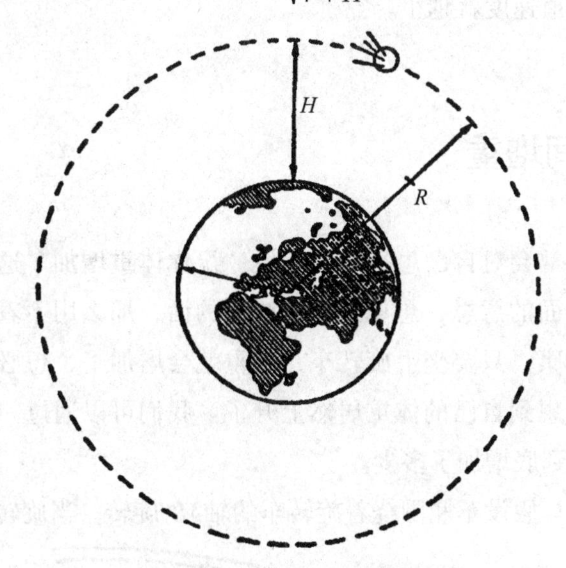

图 38　人造地球卫星的圆周轨道

为了更方便地计算，上面的公式还可以进行进一步的变换。由于地球表面的引力为 mg，根据万有引力定律，$mg=\gamma\times\frac{mM}{r^2}$，可得 $\gamma m=gr^2$，所以圆周速度公式可为 $v=\sqrt{\frac{gr^2}{r+H}}$ 或 $v=\gamma\sqrt{\frac{g}{r+H}}$。但这时要注意，在这个公式里，$g$ 是地球表面的引力加速度。

假如卫星运动轨道距离地球表面的高度与地球半径 r 之间的比值非常小，在这种时候，可以将 H 视为零对待，这时圆周速度公式就被简化为 $v=r\times\sqrt{\frac{g}{r}}$ 或 $v=\sqrt{rg}$。

将已知的数值 $g=9.81$米/秒^2 和 $r=6378$千米（赤道半径）代入公式，计算出的速度值就是所谓的第一宇宙速度：

$$v=\sqrt{(9.81\times10^{-3}\text{千米/秒}^2\times6\ 378\text{千米})}=7.9\text{千米/秒}$$

理论上讲，人造地球卫星必须具有这样的速度才能绕地球表面运行。但事实上地球的表面并不平坦，尤其是有大气阻力的存在，所以卫星根本不可能围绕这样的轨道运行。圆周轨道距离地球表面的高度越大，卫星的轨道速度就越小。

3. 瞬间增重

我们平时常会对自己患病的亲友说“祝你体重增加”这种吉祥话，但如果只看字面的意思，想见到体重增加的话，那么用不着增营养，也用不着注意健康，只要坐上旋转车，体重就会增加了，想必乘坐旋转车的人们根本没想到自己的体重居然上升了。我们可以通过一个简单的计算来知道体重到底增加了多少。

在图39中，假设车厢围绕着旋转车的轴*MN*旋转。当旋转车启动时，

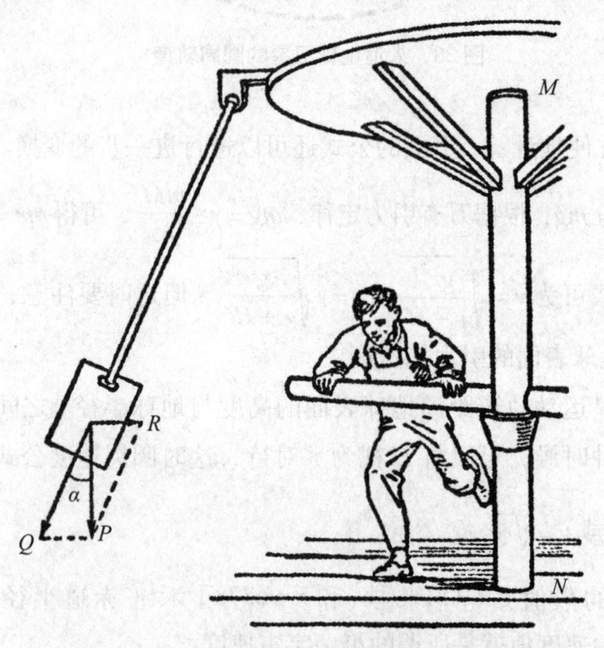

图 39　作用于车厢上的力

载着乘客的车厢在惯性的作用下四周悬空并向切线方向运动，并逐渐远离传动轴，出现图39中所显示的那种倾斜状态。这时，乘客的体重 P 分解成两个力——水平向轴的力 R（使车厢绕圆周运动的向心力）和沿绳索方向将乘客压向车厢底部的力 Q。力 Q 就是乘客感觉到的自己的体重，这个体重要比原来的体重 P 大，它的值是 $Q=\frac{P}{\cos\alpha}$。力 P 和力 Q 间有夹角，在计算 α 的度数之前，我们先要知道向心力 R 的大小。

力 R 产生的加速度是 $a=\frac{v^2}{r}$，其中 v 代表车厢重心的速度，r 代表车厢重心距转轴 MN 间的距离（即圆周运动的半径）。假设 r=6米，车厢每分钟转4周，即每秒转 $\frac{1}{15}$ 周，则圆周速度为：

$$v=\frac{1}{15}\times 2\times 3.14\times 6\approx 2.5\text{米/秒}$$

现在可以计算出力 R 产生的加速度的值了：

$$a=\frac{v^2}{r}=\frac{250^2}{600}\approx 104\text{厘米/秒}^2$$

由于力与加速度成正比，所以 $\tan\alpha=\frac{104}{980}\approx 0.1$，可求出 $\alpha\approx 6°$。将这个角度代入力 Q 的公式：$Q=\frac{P}{\cos\alpha}=\frac{P}{\cos 6°}=\frac{P}{0.994}=1.006P$。

简单地解答一下这个数据：一个实际体重为60千克的人，坐在旋转车里时体重会增加大约360克。

一般的旋转车转速比较慢，人坐在上面，体重的增加并不明显。但在一些旋转半径小且转速高的离心机械上，这种重量的增加有时会特别大。读者或许听说过一种叫作“超速离心机”的设备，它每分钟可以转8万转，它能使物体的重量增加25万倍！说得形象一点，重为1毫克的一滴液体在这种机器的旋转中重量会变成250克！

研究者们目前已经使用大型的离心机来测试人对大大超过自身体重的力的耐力，这对人类实现星际航行的目标意义重大。在这种实验中，可通过某种方式选定旋转的半径和速度，从而使受试者按需增加重量。

实验结果充分证明，人在几分钟内面对体重增加4倍～5倍所带来的心理及生理上的压力是可以承受的，并且不会影响身体的健康，这一结论为人类走进宇宙提供了安全保障。

今后，恐怕你会很谨慎地对人使用吉祥话了吧？我建议你不要再说“祝你增加体重”，用“祝你身体健康”应该更能令对方愉快些。

4. 被放弃的游乐设施

莫斯科的某公园有意新建一个游乐设施。

从设计图上看，它的外形和“旋转秋千”相似，只不过装在绳索末端的是飞机模型。机器启动后，绳索就开始快速地旋转，并带着飞机与乘客一起离开转塔。设计师的初衷是使转塔达到足以使绳索带着“飞机”与乘客飞升到水平位置的速度，但这一项目最终被放弃了，因为这个设计不符合力学的要求。

为保证乘客的安全，绳索必须有一定的倾斜度。由于人体在这种转塔上最多能够承受体重增加3倍的强度，所以计算出绳索偏离转塔的最大角度并不难。

上一小节的图39有助于对这道题目进行分析。我们的目标是人为制造的体重 Q 必须低于人的实际体重 P 的3倍，换言之，这两个体重的比值 $\frac{Q}{P}$ 应该为3。由于 $\frac{Q}{P}=\frac{1}{\cos\alpha}$，代入可得 $\frac{1}{\cos\alpha}=3$，推出 $\cos\alpha=\frac{1}{3}\approx0.33$，则 $\alpha\approx71°$。现在可以确定，绳索偏离转塔的安全角度最大为71°，或者说绳索与水平位置之间必须有不小于19°的夹角。

图40中转塔上的绳索的倾斜度并没有达到极限值。

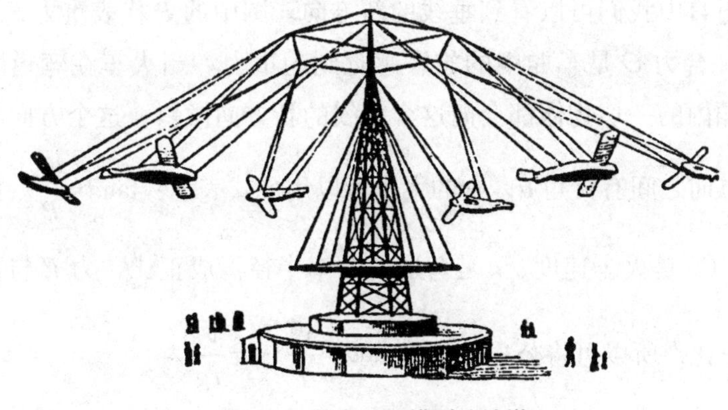

图 40　装有飞机模型的转塔

5. 铁路的弯道

一位物理学家曾这样描述自己坐火车时的感受："当火车转弯时，我无意间看向窗外，却突然发现铁路旁边的树木、房屋，甚至工厂的烟囱都变倾斜了。"不仅如此，当火车的车速非常快的时候，车上的旅客也有可能见到这种现象。我们不能认为产生这种现象是因为火车在弯道上行驶时处于某种倾斜状态，原因在于修建铁路时，人们把外面的铁轨铺设得比里面的铁轨高。当火车在弯道上行驶时，你可以向窗外略微探头看一看，依然会出现景物倾斜的错觉，尽管这一次你的视线里并没有"倾斜"的窗框。

在读过前面的小节之后，我们对于产生这个现象的原因应该已经没有必要详细解释了。读者应该可以想到，当火车行驶在弯道上的时候，悬挂于车厢之内的悬锤肯定是倾斜的。在旅客眼中，悬锤现在的状态已经代替了原来的垂直状态，他们潜意识里觉得现在的悬锤就是垂直的，因此原本竖直着的东西在他们眼中反而是倾斜的了[1]。

[1]　因为地球的旋转，地面上的点其实都在沿着弧线运动，因此悬锤即使是在陆地上也不会准确地指向地心，它所指的方向与地心的方向之间会有一个很小的夹角，这个夹角在 45° 纬线上为 6°，这是最大值，不过在南北极和赤道上悬锤是没有倾斜的。

在图41中我们可以看到垂线的新方向。图中的P代表重力，R代表向心力，合力Q是车厢中的旅客感觉到的重力。当火车在弯道上行驶时，车厢内的一切物体都会向这个垂线的新方向倾斜，这个方向与原本的垂直方向之间有夹角α，它的大小可以用公式表示：$\tan\alpha=\frac{R}{P}$。由于力R与$\frac{v^2}{r}$（v是火车速度，r是弯道的曲率半径）成正比，力P与重力加速度成正比，所以可将公式转化为$\tan\alpha=\frac{v^2}{r}:g=\frac{v^2}{rg}$。

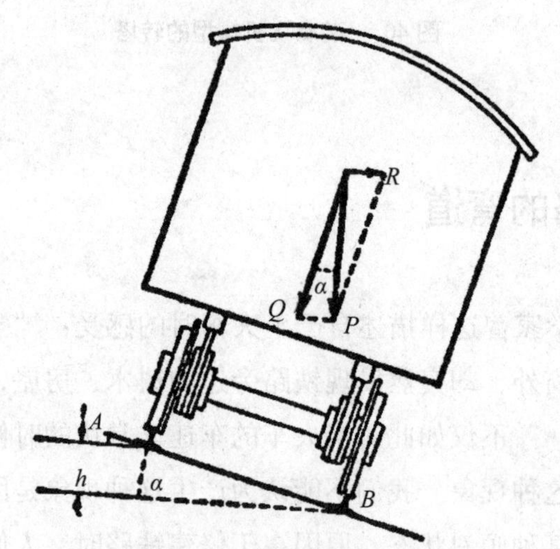

图 41　列车转弯时受到哪些力的作用？
注：下面表示路基倾斜的横截面。

我们假设火车的速度是18米/秒（即65千米/小时），弯道的曲率半径是600米，代入公式：$\tan\alpha=\frac{18^2}{600\times9.8}\approx0.055$，可求得$\alpha=3°$。

我们下意识地将这个“虚假的垂直”[1]看作真垂直，而真正的垂直却被我们看成了3° 的倾斜。实际上，当火车在弯道特别多的地方行驶时，车内的旅客有时甚至会认为窗外的景物倾斜了10° ！

想要使火车在弯道上行驶时保持平稳，就要将弯道外侧的铁轨铺设得比里侧铁轨高一点，具体高多少，要根据新的垂直方向来确定。

---

[1]　对于这个观察者来说，更准确的说法应该是“暂时性垂直”。

比如图41中显示的弯道处的外侧的铁轨 A 应该铺设的高度为 h，它的值要适合公式 $\frac{h}{AB}=\sin\alpha$。

公式中的 AB 是两条铁轨之间的距离，大约是1.5米，现在已经知道了$\sin\alpha=\sin3^\circ=0.052$，代入公式可得：

$$h=AB\times\sin\alpha=1\,500\times0.052\approx80\text{ 毫米}$$

所以铺设铁轨时，外侧的铁轨应该比里侧的铁轨高出大约80毫米。当然，这个值不能随车速的不同而变化，只适合一定的车速，所以铁路部门在设计铁路弯道部分时的依据通常是最普遍的车速。

6. 倾斜的赛道

当你站在铁路弯道处的时候，很难发现外侧的铁轨要比内侧铁轨铺设得略高一点。但在自行车赛场的跑道上，这种倾斜就很明显了。由于跑道转弯的曲率半径很小，速度又非常快，所以倾斜的角度就很大。举个例子，当速度为72千米/小时（即20米/秒）、曲率半径为100米时，用公式可将倾斜角计算出来：$\tan\alpha=\frac{v^2}{rg}=\frac{400}{100\times9.8}\approx0.4$，因此$\alpha\approx22^\circ$。

当我们行走在这样的道路上时根本站不住脚，但对于自行车运动员来说这却是最平稳不过的道路。不仅是自行车赛道，汽车专用的赛道也是这样修建的，重力的作用可真是一个奇怪的事物！

当我们欣赏杂技表演时，常会对演员做出的一些特技难以置信，即使我们原本就知道这些特技是完全符合力学定律的。比如演员们居然能骑着自行车在半径不大于5米的上宽下窄的围栏壁上转圈圈，要知道，当他们的车速达到10米/秒的时候，围栏的倾斜度可是非常惊人的：

$$\tan\alpha=\frac{10^2}{5\times9.8}\approx2,\ \alpha\approx63^\circ$$

对于演员们在这种极其异常的条件下做出的表演，观众们会不由自主地赞叹演员高超的技巧与灵活的技术，但事实上，演员们必须达到这样的速度才能保证状态的平稳[1]，只有在这种平稳的状态下，他们才是最安全的。

7. 盘旋飞行

每当看到飞机倾斜着机身在空中绕着圈子转，我们都会觉得飞行员一定是小心翼翼地生怕自己从飞机里掉出去。但飞行员其实没有这种顾虑，因为在他的感觉里飞机是水平飞行的，而让他真正感觉异样的有两点：一是体重增加了，二是发现地面倾斜了。

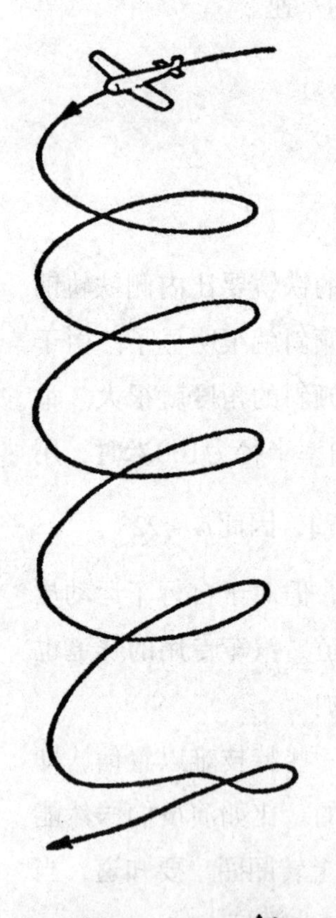

图 42　飞行员在盘旋飞行

现在我们就这两点进行一下计算，看看飞行员的体重“增加”了多少，以及他看到的地面究竟“倾斜”了多少度。

下面是一些可供计算的真实数据：飞机在空中盘旋飞行的速度是216千米/小时（60米/秒），飞行轨迹的直径是140米（图42）。倾斜角度 α 可通过计算获得：$\tan\alpha=\frac{v^2}{rg}=\frac{60^2}{70\times9.8}\approx5.2$，$\alpha\approx79°$。因此，对于飞行员来说，他所看到的地面在理论上的倾斜度与垂直方向只差11°，已经接近于直立了（见图43）。

这个计算结果只是理论值，而在实际的飞行中，也许是受生理原因的影响，飞行员眼中看到的地面倾斜的角度要比79°小。

飞行员自我感觉增加的体重，与其原本的体重之间的比，等于它们的方向之间夹角的余弦值

[1]　在《趣味物理学（续编）》中对自行车特技有详细的介绍。

的倒数，角的正切值是$\frac{v^2}{r \cdot g}$=5.2。在三角函数表的帮助下，我们求出这个角度的余弦值是0.19，而它的倒数是5.3。这意味着，在盘旋飞行的过程中，飞行员的身体对座位造成的压力相当于直线飞行时的6倍，或者说，飞行员自我感觉中的体重是原来的6倍。

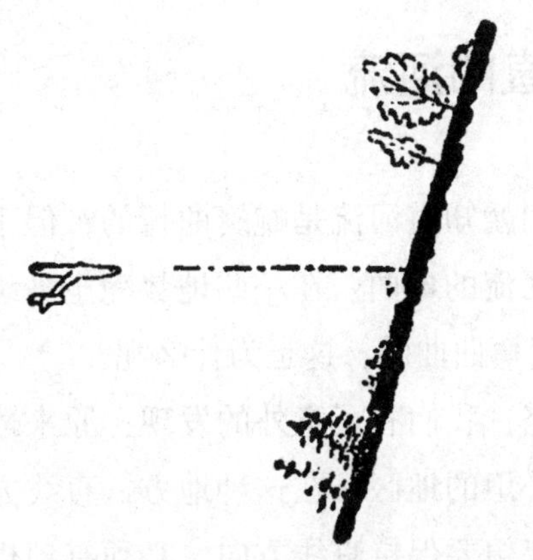

图 43 飞行员眼中的大地（参照图 44）

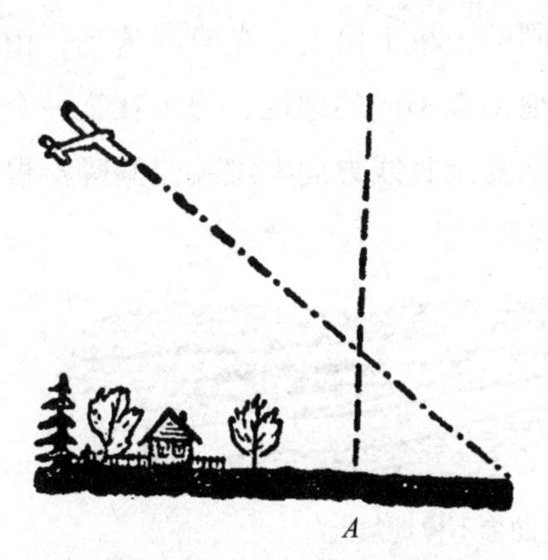

图 44 飞行员以 190 千米 / 小时的速度做大半径（520 米）的曲线飞行

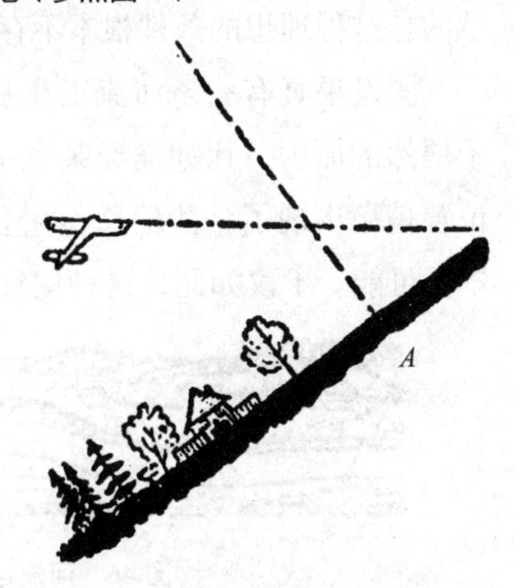

图 45 大地在飞行员看来是这样的（参照图 44）

图44与图45向我们展示了另外一种不同的飞行情况，在这种飞行过程中，飞行员同样会认为地面发生了倾斜。

人为地增加体重会给飞行员造成生命威胁，这样的事情并不是没有发生过：曾经有一位飞行员在驾驶飞机做螺旋飞行（沿较小半径的螺旋线急速旋转下降）的任务时，不仅无法从座位上起身，就连手脚都动弹不得，差一点丢了命。经过计算才知道，在那种情况下，他的体重变成了原来的8倍！他尽了最大的努力才捡回了一条命。

8. 没有笔直的河流

自古以来，人们就知道河流是蜿蜒曲折的，但千万不要以为是由于地形的原因造成了河流的弯曲。在一些地势完全平坦的地方，河流也不是直线的，同样是弯弯曲曲的，这是为什么呢?

通过进一步研究，我们有了意外的发现：原来最不可能出现直线河流的地方恰恰是最平坦的地区，在这种地方，直线方向对于河流来说是最不稳定的，而河流想要保持直线方向，必须有理想的条件为前提，遗憾的是这种理想的条件根本不存在。

假设果真有一条河流正在基本相同的土壤上沿着一条直线流动，由于偶然的原因，比如途经某个土壤质地稍有不同的地区，河水在某一个位置稍微出现了一些偏移，它会立刻恢复到直线方向上继续流淌吗？根本不可能。不仅如此，这种偏移还会越来越大。

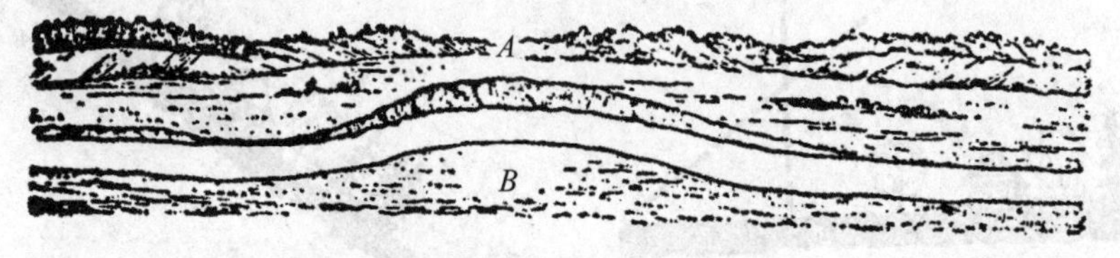

图46　河流极小的弯曲会不停地加大

我们来解释一下原因。在弯曲的地方，河水是沿着曲线流动的。图46就是河流出现了一个极小的弯曲的部位，A 与 B 是弯曲部位的河的两岸，A 为凹入的一侧，B 为凸出的一侧。由于离心力的作用，河水流经此处时会压向河岸 A，并不断地冲刷 A，离开 B。但此时我们并不希望它沿着曲线流，我们希望它的路线恢复成直线，想要达到这个目标，就

得不断冲刷河岸 B，离开 A，这与河水的实际流淌方向是完全相反的，不可能实现。事实上，由于河岸 A 受到不断的冲刷，凹入的程度越来越大，以至于河流的曲率也开始增大了，这导致离心力的增加，河流对河岸 A 的冲刷力度就更大了。可见，如此循环下去，河流哪怕是出现了一个非常小的弯曲，这个弯曲也会不断地增大。

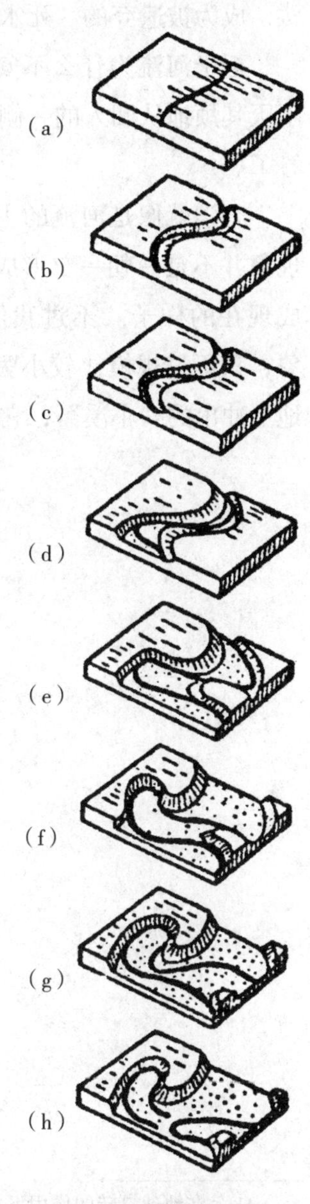

图 47 河床的弯曲是怎样自行加大的？

岸边凸出一侧的水流流速比对岸慢，所以水流带来的泥沙大部分沉积在了凸出一侧的岸边。而凹入的一侧在越来越强烈的冲刷下，河水变得越来越深，这就是为什么凸出一侧的河岸比较平缓，而凹入一侧的河岸非常陡峭。

也许有人认为，导致出现河流轻微偏移的原因也有可能根本不会出现。事实上没有这么乐观，因为这是不可避免的，所以河流会越来越弯曲这个事实也不可避免。久而久之，河流便变得蜿蜒曲折了。地质学上将这种曲折称为“梅安德尔河曲”，这个词语来自位于小亚细亚西部的梅安德尔河，它的曲折的河道曾令古人大为惊奇，“梅安德尔河曲”也就因此成为复杂曲折的河道的代名词。

接下来我们做一件有趣的事情，来研究一下河流的弯曲会怎样发展下去。图47中的小图（a）~（h）表现了河床逐步改变的过程。其中小图（a）中的小河只是稍有弯曲，但在（b）中，水冲入了凹入一侧的河岸，并稍微偏离了凸出一侧的河岸。到了（c），河床明显变宽。在（d）中它已经是河谷了，河床只是它的一部分。（e）、（f）、（g）对河谷的进一步发展进行了详细的记录，在（g）中我们看到河床几乎弯曲成了一个环套。在最后的小图（h）中，河水打通了距离较近的河床弯曲处，为自己开辟了新道路，新的河床就这样形成了。此后，河谷的凹入部分以“故道”或“旧河床”的形象被河流淘汰，成为被遗弃的“死水”。

至于河流为什么不安安分分地在平坦的河谷中间或一边流淌，非得不厌其烦地从凹入的一侧折向新近凸出的一侧[1]，读者们应该自己就能解答了。

力学就像是河流的主宰，掌握着它们的地质命运。我们所说的这些现象并不是一朝一夕形成的，它们经历了几千年漫长的岁月，渐渐地变成现在的样子。不过我们现在也可以在春天里看到很多与之类似的现象，只不过规模比较小罢了。比如，当冰雪融化时，注意观察雪水在雪地上冲出的“小溪”，它们的力学原理是一样的。

[1] 在地球自转的作用下，位于北半球的河流冲刷自己右岸的力量相当强大，而位于南半球的河流恰好相反，它们把全部的力量都用于冲刷自己的左岸，不过我们在这里并未涉及这一点。

第六章

碰撞力学

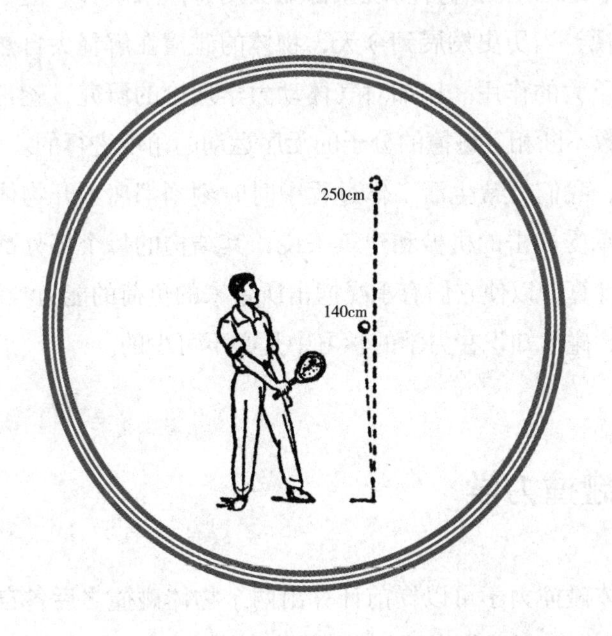

1. 碰撞知识的重要性

力学中有一个专门研究物体碰撞的章节，但学生们对这个知识的兴趣却不大，理解起来很慢，忘记又很快，原因似乎是由于这一章包含太多复杂的公式，令人难以提起兴趣。实际上这是一个有必要引起重视的章节，曾经有过那么一段时间，研究者们甚至试图证实碰撞知识是解开自然界一切现象的金钥匙。

19世纪著名的自然学家居维叶曾断定："只有碰撞才能解释原因与作用力之间的关系。"他认为，碰撞现象的原因归根结底在于分子之间的相互碰撞。

经过无数次尝试后，碰撞最终没能解释这个世界，诸如电气现象、光学现象、地球引力等许多现象都无法用碰撞来解释。但是碰撞的地位从未被忽视，当历史发展到今天，物体的碰撞在解释大自然的各种现象时发挥了重大的作用。比如对气体动力学理论的研究，就是从将各种现象看作无数不断相互碰撞的分子的无序运动的角度进行的。

此外，我们日常生活工作过程中时时刻刻都离不开物体的碰撞。对所有必须承受撞击的机械和建筑来说，其结构的每个部分都必须经过严格的强度计算，以使它们有承受撞击所带来的负荷的能力。

因此，碰撞知识在力学的学习中是必不可少的。

2. 碰撞力学

用物体碰撞力学可以提前计算出两个物体碰撞之后各自的速度，这个速度首先取决于互相碰撞的这两个物体是否具有弹性。

如果是非弹性物体，二者碰撞后得到的速度是相等的，这个速度可根据它们的质量和原来的速度计算出来，使用的计算方法被称为混合法。

将3千克价格为8卢布/千克的咖啡和2千克价格为10卢布/千克的咖啡混合在一起，混合后的咖啡价格是$\frac{(3\times8)+(2\times10)}{3+2}=8.8$卢布/千克。

同理，一个是质量为3千克、速度为8厘米/秒的非弹性物体，另一个是质量为2千克、速度为10厘米/秒的非弹性物体，二者相撞之后，每个物体得到的速度都是$u=\frac{(3\times8)+(2\times10)}{3+2}=8.8$厘米/秒。

通常来讲，两个质量分别为m_1和m_2，速度分别为v_1和v_2的非弹性物体相互碰撞后得到的速度可以用公式$u=\frac{m_1v_1+m_2v_2}{m_1+m_2}$表示。

我们将速度v_1的方向假设为正的，当u为正时，说明物体碰撞后与v_1的运动方向相同；当u为负时，说明物体碰撞后与v_1的运动方向相反。关于非弹性物体的碰撞知识就只有这些，但关于弹性物体的碰撞知识就要复杂得多了。

两个弹性物体碰撞时，碰撞的部分发生凹陷（非弹性物体也有）后会立刻恢复原状。主动撞击的一方在发生凹陷时失去一份速度，此时还要再失去一份同样的速度。被撞击的一方在发生凹陷时会得到一份速度，此时还要再得到一份同样的速度。或者说，运动速度较快的物体要失去两份速度，而速度较慢的物体要增加两份速度，这就是需要掌握的有关弹性物体碰撞的知识。接下来的就是数学计算了，假设两个非弹性物体，运动快的速度为v_1，质量为m_1，运动慢的速度为v_2，质量为m_2，二者碰撞后的速度用公式表示为：

$$u=\frac{m_1v_1+m_2v_2}{m_1+m_2}$$

运动快的物体失去的速度是v_1-u，运动慢的是$u-v_2$，而对于弹性物体来说这两个值都是双倍的，所以碰撞后的速度分别是：

$$u_1=v_1-2(v_1-u)=2u-v_1 \text{ 和 } u_2=v_2+2(u-v_2)=2u-v_2$$

接下来就只要将u的值代入上述公式即可。

我们刚刚研究的是两种极端的碰撞现象——完全非弹性物体的碰撞和弹性物体的碰撞。但有时相互碰撞的物体并不是完全弹性的，或者说在发生碰撞凹陷后并没有完全恢复原状，关于这个内容我们会在后面进行详细介绍。

有一个简单的规则可以使你更方便地掌握弹性碰撞：物体相互碰撞后互相离开的速度就是其碰撞前相互接近的速度。怎样理解呢？碰撞前相互接近的速度是$v_1 - v_2$，碰撞后互相离开的速度是$u_2 - u_1$，将前面得到的u_1与u_2的值代入，就会得到：

$$u_2 - u_1 = 2u - v_2 - (2u - v_1) = v_1 - v_2$$

这个规则的重要性不仅在于它使我们更直观、更清晰地看到弹性碰撞的画面，还在于它所带来的另外一层道理。

我们在推导公式时，以第三物体的视角，对相互撞击的两个物体使用了“主动撞击”和“被动撞击”这样的字眼儿。但我们在本书第一章研究鸡蛋的碰撞问题时已经提到过，对于主动撞击和被动撞击的双方来说，它们之间是无差别的，甚至是可以互相变换角色的，而且不会影响现象的结果。但这一结论是否适用于本小节我们所探讨的内容呢？我们试着将撞击的双方互换一下角色，看看用前面得到的公式是否能计算出不一样的结果。

其实结论很明显，即使双方变换角色，计算结果也不会有什么不同，因为不管从哪个视角来看，物体撞击之前的速度是不会变的，那么撞击后离开的速度当然还是$(u_2 - u_1 = v_1 - v_2)$。或者说，物体碰撞之后的运动情况无论从哪个方面来讲都是一样的。

我们收集了一些与完全弹性的球体相互碰撞有关的数据：两个直径均为7.5厘米的钢球，用1米/秒的速度相撞时会产生1 500千克的压力，用2米/秒的速度相撞时会产生3 500千克的压力。在速度为1米/秒时，二者接触部位的圆的半径是1.2毫米，在速度为2米/秒时，二者接触部位的圆的半径是1.6毫米。在这两种速度下发生的撞击的持续时间均约为$\frac{1}{5\,000}$秒。钢球在高达30吨/厘米^2～50吨/厘米^{2}的巨大压力下不受到损坏，正是得益于这极短的撞击时间。

但是，撞击时间极短只是相对于直径非常小的球体而言的。要知道，如果钢球的直径有一颗行星那么大，比如1万千米，那么当它们以1厘米/秒的速度相撞时，撞击时间就要持续40个小时，撞击接触部位的圆的直径就会达到12.5千米，相撞时产生的压力会达到大约4亿吨！

3. 皮球跳起的高度

实践中很少能够直接应用上节中推导出的物体撞击公式，因为“非完全弹性物体”和“完全弹性物体”并不多见，绝大多数的物体都介于二者之间，它们不是完全弹性的，也不是完全非弹性的。

就以日常所见的皮球为例，在这里我们忽略会被古寓言作家嘲笑的可能性来问自己一个问题：球是什么？力学眼中的球是完全弹性的还是非完全弹性的？

要判断皮球的弹性并不难，让它从一定的高度下落到一个坚硬的平面就行了。从物理学的角度来讲，如果它是完全弹性的，下落后它会弹回原来的高度，如果它是非完全弹性的，就不可能弹回到原来的高度。

令人好奇的是，非完全弹性的皮球落地后究竟会怎样呢？我们有必要先来探讨一下弹性撞击。

当皮球落地时，它与地面接触的部位会因受压而凹陷下去，这会降低球的速度。球落地前的速度与非弹性物体一样，我们用u表示，那么它落地后失去的速度就是v_1-u。球体发生凹陷的部位开始复原时，会对影响它凸起的平面进行挤压，于是一个降低球速的新力量又出现了。而此时球面已经复原，却不得不再重复一次因受挤压而改变形态的经历。同样的，这一次它失去的速度与前一次失去的相等，也是v_1-u，所以完全弹性的皮球撞击地面后的速度应该较之前减少$2(v_1-u)$，变成$v_1-2(v_1-u)=2u-v_1$。

我们所说的“非完全弹性”的球是指那些当它的形状被外力作用改

变后不能完全恢复原状的球。这种球在恢复原状的过程中，作用于它的力要比使它形状改变的力小。相应的，在恢复原状的过程中再次失去的速度也要比它因撞击导致形状改变时失去的速度小，只是它的一部分，我们用小数 e 来表示这个比例，e 就是恢复系数。

显然，第一次失去的速度是 v_1-u，第二次失去的速度是 $e(v_1-u)$，这次撞击使球失去的总速度为 $(1+e)(v_1-u)$，撞击后剩余的速度为 $u_1=v_1-(1+e)(v_1-u)=(1+e)u-ev_1$。

撞击中的另外一方速度为 u_2，它在皮球的反作用的影响下发生后退，它的大小应该是 $u_2=(1+e)u-ev_2$。根据 $u_2-u_1=ev_1-ev_2=e(v_1-v_2)$ 可以得到恢复系数 $e=\dfrac{u_2-u_1}{v_1-v_2}$。如果非完全弹性的球向固定的平面上撞击，那么速度 $u_2=(1+e)u-ev_2=0$，$v_2=0$，这时的恢复系数为 $e=\dfrac{-u_1}{v_1}$。在这个式子中，u_1是球的起跳速度，等于 $\sqrt{2gh}$，h 是球跳起的高度，$v_1=\sqrt{2gH}$，H 是球落下的高度，可推出 $e=\sqrt{\dfrac{2gh}{2gH}}=\sqrt{\dfrac{h}{H}}$。

我们已经找到了求系数 e 的方法，e 的作用是表示具有“非完全弹性”特点的球的“不完全”程度，是要测量出球下落和跳起的高度，计算出它们的比值后开平方，得到的平方根就是系数 e。

图 48 好的网球从 250 厘米高度落下后应该能跳起大约 140 厘米

我们用网球来举例，依据运动的规则，使一只完好的网球从250厘米的高处落下，它与地面碰撞后可以跳起的高度是127厘米~152厘米（如图48所示）。网球的恢复系数e 的值应该在 $\sqrt{\dfrac{127}{250}}$ 和 $\sqrt{\dfrac{152}{250}}$ 之间，也就是说，e 的范围是0.71~0.78。现在我们取一个平均值0.75，也就是说假设球的弹性是75%，我们来做几个让运动员

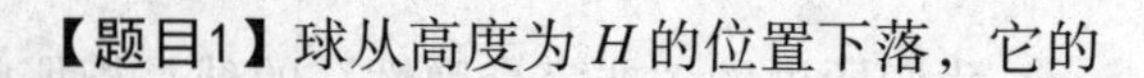

非常有兴趣参与的计算。

【题目1】球从高度为 H 的位置下落，它的

第二、第三次以及之后的各次起跳的高度分别是多少?

【解题】第一次起跳的高度可将 $e=0.75$ 和 $H=250$ 厘米代入公式 $e=\sqrt{\frac{h}{H}}$，即 $0.75=\sqrt{\frac{h}{250}}$，得到 $h\approx140$ 厘米。

第二次起跳相当于从140厘米的位置下落，它跳起的高度 h_1 通过对 $0.75=\sqrt{\frac{h_1}{140}}$ 计算可得：$h_1\approx79$厘米。第三次起跳的高度 h_2 通过对 $0.75=\sqrt{\frac{h_2}{79}}$ 计算可得：$h_2\approx44$厘米。

接下来用同样的方法也可依次计算出每次起跳的高度值。

假设这个球是从埃菲尔铁塔上（H=300米）落下的，那么在不计算空气阻力的情况下，它的第一次起跳高度是168米，第二次是94米，等等（见图49）。但事实上由于速度太快，空气的阻力也会特别大。

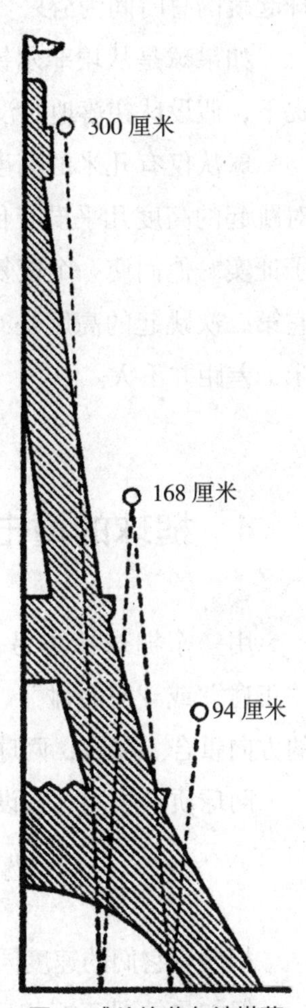

图 49 球从埃菲尔铁塔落下能跳多高

【题目2】球从高度为 H 的位置上落下后，能保持多久的跳起?

【解题】根据目前已知的每次起跳的高度：

$$H=\frac{gT^2}{2}，h=\frac{gt^2}{2}，h_1=\frac{gt_1^2}{2}，\cdots$$

可得每次跳起的时间为：

$$T=\sqrt{\frac{2H}{g}}，t=\sqrt{\frac{2h}{g}}，t_1=\sqrt{\frac{2h_1}{g}}，\cdots$$

将每次跳起的时间相加，可以得到各次跳起的时间总和是：

$$T+2t+2t_1+2t_2+\cdots$$

即：$\sqrt{\frac{2H}{g}}+2\sqrt{\frac{2h}{g}}+2\sqrt{\frac{2h_1}{g}}+\cdots$

你可以自己做一下接下来的计算步骤，最后的结果一定是：

$$\sqrt{\frac{2H}{g}}\times(\frac{2}{1-e}-1)$$

把已知的数值$H=2.5$米、$g=9.8$米/秒^2、$e=0.75$代入上式，可得到球起跳的总时间为5秒，也就是说，球落下后，会保持5秒钟的跳起。

如果球是从埃菲尔铁塔塔顶落下来的，那么在不计算空气阻力的前提下，假设球在落地时没有被撞碎，它会保持大约54秒的跳起。

球从仅有几米的高度上落下来的速度不大，所以空气的阻力也小，对跳起的高度几乎没有什么影响。曾有人做过一个实验，对这一点进行了证实。他们使一个恢复系数为0.76的球从250厘米高的位置上落下来，它第二次跳起的高度是83厘米，而在真空状态下，它第二次起跳是84厘米，差距并不大。

4. 槌球的撞击

用一个槌球撞击另一个静止不动的槌球，力学上将这种撞击称为“正碰”或“对心碰”，这种撞击的碰撞方向和通过碰撞施力点的直径的方向重合。那么，两球相撞后会如何呢?

两球质量相同。假设它们是非弹性的，根据公式：

$$u=\frac{m_1v_1+m_2v_2}{m_1+m_2}\ （m_1=m_2、v_2=0）$$

相撞后它们的速度同样是主动发起撞击的那个球的速度的一半。

但如果情况正好相反，两个球都是完全弹性的，我们很快便可以计算出，它们的速度恰好互换，主动撞击的球在撞击后就不动了，原来静止的球在被撞后会开始沿撞击的方向运动，速度就是主动撞击的那个球在撞击前的速度。打弹子球（象牙球）时的情况与此类似，这种球的恢复系数是$e=\frac{8}{9}$，这是相当大的系数了。

不过槌球的恢复系数可没有这么大，它的数值是$e=0.5$，因此不可能出现上面的结果。这两个球发生撞击之后会分别以不同的速度继续运动，发起主动撞击的球的速度要比被撞一方的速度小，用物体的碰撞公式可以对此进行详细解释。

前面的小节中我们已经得到两球相撞后的速度u_1、u_2的表达式为：

$$u_1=(1+e)u-ev_1 \text{ 和 } u_2=(1+e)u-ev_2$$

像以前一样，这里的$u=\frac{m_1v_1+m_2v_2}{m_1+m_2}$。已知两球的质量$m_1=m_2$，$v_2=0$，代入公式可得：

$$u=\frac{v_1}{2}\text{；}\ u_1=\frac{v_1}{2}\times(1-e)\text{；}\ u_2=\frac{v_1}{2}+(1+e)$$

此外也可推算出：$u_1+u_2=v_1$；$u_2-u_1=ev_1$。

现在我们已经可以提前描述出两个槌球相撞后的场景了：主动发起撞击的球的速度分别作用于另一个球和它本身，并使另一个球的速度比发起撞击者原本的速度更快，这个值就是那个原本的速度乘上“恢复系数”e。举例来说，假设$e=0.5$，那么两球撞击后，被撞前静止的那个球的运动速度将是主动发起撞击一方原速度的$\frac{3}{4}$，而主动发起撞击方的速度将仅剩自己原本速度的$\frac{1}{4}$。

5．力与速度

托尔斯泰的《初级读本》里有这样一个故事：

一列火车即将到达铁路上的一个路口，就在这时，火车上的人发现路口处正停着一辆载满重物的马车。赶车的汉子拼命地赶着拉车的马，可是由于车轮脱落了一只，马无论如何也不能使大车移动。乘务员冲司机喊道："快踩刹车！"司机迅速地分析了一下眼前的情形：赶车人不可能将车挪走，火车也不可能立刻停下来。他没有听从乘务员的建议，而是开足马力，让火车以最快的速度全力冲向马车。赶车人吓得飞快地逃离铁轨，火车冲过了路口，大车和马就像木片一样被抛到了路边，但火车本身安然无恙，连一点点震动都没发生，就这样若无其事地开走了。直到这时，司机才对惊呆了的乘务员说："我这样做，撞死了一匹马，撞毁了一辆车。但如果我停了车，不仅你我会丧命，还会搭上整车的人。因为加足马力行驶只会把大车撞开，火车却不会受到震动，但如果降低速度，火车就会发生出轨事故。"

这个故事是可以从力学的角度进行解释的。这其实是两个非完全弹性物体的碰撞，而且被撞击的物体（也就是大车）在被撞击之前是处于静止状态的。我们将火车的质量与速度用 m_1、v_1表示，将大车的质量与速度用 m_2 和 v_2（值为0）来表示，并使用下面这些已知的公式来计算一下发生撞击后的结果：

$$u_1=(1+e)u-ev_1\text{、}\ u_2=(1+e)u-ev_2$$

$$u=\frac{m_1v_1+m_2v_2}{m_1+m_2}$$

将第三个公式的分子和分母分别除以 m_1，可变为：

$$u=\frac{v_1+\frac{m_2}{m_1}\times v_2}{1+\frac{m_2}{m_1}}$$

由于马拉的大车的质量与火车质量比起来实在不值一提，所以我们可以将 $\frac{m_2}{m_1}$ 看作零，这样就有了 $u\approx v_1$。可见，在发生撞击之后，火车仍旧保持着原速，乘客们也完全没有感觉到火车的速度有什么改变。

那么大车呢？发生碰撞之后大车的速度是 $u_2=(1+e)u=(1+e)v_1$，这要比火车的速度还快 ev_1。在这次事件里，有一个关键的因素，那就是：

火车在撞击前的速度v_1的值越大，大车在被撞的瞬间得到的速度也就越大，相应的，大车受到的撞击力也越大，所以，火车如果不想发生出轨事故，就必须克服大车的摩擦，唯一的办法就是使碰撞的力量足够大，如果这个力量不足以克服大车的摩擦，大车就不可能离开铁轨，那么它将对火车的安全构成严重的威胁。

这位火车司机在紧要的关头毅然采取了加快火车速度的做法，这是值得称道的。也幸亏他的这个做法，火车才得以在自身不受任何伤害的情况下将大车撞离铁轨。但在这里我有必要指出，托尔斯泰所写的这个故事是相对他那个时代的火车而言的，那时候的火车速度还比较低。

6. 人体砧板

想必很多读者都曾对这样一个杂技节目感觉心有余悸：表演者仰面躺在地上，两位大力士将一块沉重的大砧板抬过来压在表演者的身上，然后两人各拿一把大铁锤，使足力气往砧板上砸。即使我们原本就知道这是个表演，但还是会被它震惊，一个活生生的人怎么可能在这么大的震动下仍然毫发无损呢？

其实这并不奇怪。弹性物体的碰撞定律有助于我们找到这个现象的原理：砧板比铁锤重得越多，它在撞击中得到的速度就越小，那么人体感觉到的震动也就越小。

读者们应该还记得，当弹性物体碰撞时，被撞方得到的速度可用这样的公式表示：

$$u_2 = 2u - v_2 = \frac{2(m_1v_1 + m_2v_2)}{m_1 + m_2} - v_2$$

式中的m_1和m_2分别是铁锤和砧板的质量，v_1和v_2分别是二者在碰撞前的速度。由于砧板在碰撞前是静止不动的状态，因此$v_2 = 0$，代入公式可推出：

$$u_2 = \frac{2m_1v_2}{m_1+m_2} = \frac{2v_1 \times \frac{m_2}{m_1}}{\frac{m_2}{m_1}+1}$$

细心的读者应该已经发现，我们又把公式的分子与分母分别用 m_1除过了。假设这个表演所用的砧板比铁锤的质量大得多，那么$\frac{m_1}{m_2}$的值就会非常小，我们可以将它在分母中忽略不计，这样，砧板在被撞击后的速度表达式就是$u_2 = 2v_1 \times \frac{m_1}{m_2}$。与铁锤的速度 v_1比较起来，这个速度只是铁锤速度 v_1的很小一部分[1]。

假设砧板的质量是铁锤的100倍，那么$u_2 = 2v_1 \times \frac{1}{100} = \frac{1}{50} \times v_1$，可见它的速度是铁锤速度的$\frac{1}{50}$。

锻工们在工作实践中发现，用轻锤击打不会使敲击的作用传到深处。为什么砧板越重躺在砧板下的表演者越安逸，其原因也在于此，表演者所面临的全部困难就只是安全地承受这个重量而已。

假如砧板的底部能够大面积贴住人体，而不是小部分贴住人体，那么这个杂技表演是不会发生问题的。由于砧板重量分布的面积大，人体每平方厘米所承受的重量就会非常小，如果能在人的身上先铺一层衬垫，然后再压砧板，被压住的人感受到的震动就会更小。

对于表演者来说，在砧板的重量方面是不大可能蒙骗观众的，但在铁锤的重量上却可以掺杂“水分”。或许就是因为这个原因吧，杂技团的铁锤其实并不像看上去那么重。假如铁锤的中心被悄悄设计为空心的，并不会影响它在锤打砧板时带给观众的震撼效果，但却可以因为铁锤质量的减小使砧板的震动成比例地减弱，砧板下的人的安全系数就更高了。

---

[1] 我们将铁锤和砧板看作完全弹性物体，假如读者将其看作非完全弹性物体，通过类似的演算也可以知道，计算结果并没有很大的改变。

第七章

强　度

1. 对海洋深度的测量

海洋的最深处约为11 000米，平均深度约为4 000米左右，但某些地点却要比这个平均值大出一倍或者更多。想要测量这种深度，要往海里垂一条足够长的金属丝。不过，这么长的金属丝，其重量也会很大，它会不会被自己的重量压断呢？这是个颇有意思的问题。

我们假设用来测量海洋最深处深度的是长达11 000米的铜线，如果这根铜线的直径为D厘米，它的体积就是$\frac{1}{4}\pi D^2 \times 1\,100\,000$厘米^3。我们知道，将1厘米^{3}的铜放在水中，它的重量约为8克，那么这根11 000米长的铜线在水里的总重量就是$\frac{1}{4}\pi D^2 \times 1\,100\,000 \times 8 = 6\,900\,000 D^2$克。

假设铜线直径为3毫米，即$D = 0.3$厘米，它在水中的重量就是620 000克，也就是620千克，已经超过了$\frac{3}{5}$吨。那么这根铜线能承受这样的重量吗？在解答这一问题之前，我希望读者能与我一同暂时换个话题，来探讨一下能使金属丝或金属棒断裂的力的问题。

力学中有一个名为“材料力学”的分支，这一学科使我们知道：金属丝或金属棒的材质、截面大小以及施力的方法等因素，决定着能使其断裂的力的大小。相对而言，截面积更容易让人理解：截面积增加几倍，能使金属丝或金属棒断裂的力也会增加几倍。材质方面，现在已经能够确定出拉断各种不同材质的、截面积为1平方毫米的金属丝或者金属棒的力的数据。这些数据我们可以从“抗断强度表”中查到，几乎每一本工程手册中都会附有这样的数据表。图50将这个数据表比较直观地表现了出来，我们可以很清晰地看到，想拉断一条截面积为1平方毫米的铅丝需要2千克的力，而一条截面积同为1平方毫米的青铜丝则需要100千克的力才能拉断，等等。

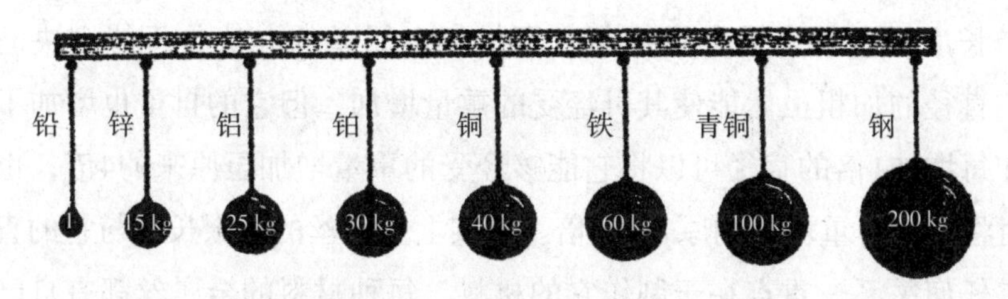

图50　多大力量能拉断不同材料的截面为一平方毫米的金属丝

不过在技术上是根本不可能允许让任何连杆承受这么大的作用力的，如果真的这样做了，只能证明这是一个不安全的装置。因为能使连杆断裂的原因包括材料上出现的哪怕极其微小的、用肉眼根本看不到的小瑕疵，还有由于震动、温度等条件的改变导致的哪怕最微小的过负载现象，等等，而连杆的断裂会直接导致装置的结构受到破坏，所以这里需要一个“安全系数”的存在，通俗地说，就是使力的大小只达到足以导致断裂的负载的几分之几，比如$\frac{1}{4}$、$\frac{1}{6}$、$\frac{1}{8}$等，具体的数值要根据材料的材质及工作条件来确定。

让我们言归正传，回到之前正在进行的计算中来。直径为D厘米的铜线，它的截面积是$\frac{1}{4}\pi D^2$平方厘米（或$25\pi D^2$平方毫米），使它断裂的力是多少？图50告诉我们，使截面积为1平方毫米的铜线断裂需要40千克的力。经过简单的计算后我们可以知道，使截面积为$25\pi D^2$平方毫米的铜线断裂，需要$40\times 25\pi D^2=100\pi D^2=3\,140D^2$千克的力。

前面我们已经计算出，这根长达11 000米的铜线的总重量为$6\,900D^2$千克，可见能够把它拉断的力还不到这个重量的一半。现在知道了吧？就算不管什么安全系数，也不能用铜线来测量海洋的深度，因为它在被垂入5 000米的深度时，就会被自己拉断了！

2. 悬垂线的长度极限

悬垂线不能无限地延长下去，因为任何金属丝都有长度极限，到了这个长度，它就会被自重拉断。用加粗金属丝的办法是不能解决问题的，直径的加粗虽然能使其可经受的重量增加，但它的自重也增加了。比如每增加1倍的直径可以将它能够经受的重量增加至原来的4倍，也会同时将它的自重增加到原来的4倍。事实上金属丝的极限长度与它的直径没有任何关系，重点在于制作它的材料。每种材料的金属丝都有自己的极限长度，这种长度并不是相同的。计算极限长度并不难，经历过上一个小节的计算之后，相信读者对此已不陌生。假设某种金属丝的截面积为S平方厘米，长度为L千米，每立方厘米的重量为P克，那么它的自重就是$100SLP$克，它能经受的重量是$1\,000Q\times100S=100\,000QS$克（$Q$为每平方毫米截面积的断裂负载，以千克计）。由于在达到极限时，等式$100\,000QS=100SLP$成立，所以极限长度应该为$L=\frac{Q}{P}$千米。这个公式非常简单，用它可以计算出任何材料金属丝的极限长度。我们在上一小节计算出了铜线在水中的极限长度，事实上不在水中的时候，这个长度要更小一些，为$\frac{Q}{P}=\frac{40}{9}\approx4.4$千米。

下面还有另外几种金属丝的极限长度：

铅丝……………………………………………………200米
锌丝……………………………………………………2.1千米
铁丝……………………………………………………7.5千米
钢丝……………………………………………………25千米

其实这么长的悬垂线在现实中是不被允许使用的，因为这样的长度所要经受的负载也是不被允许的，它们只被允许经受一部分的断裂负载，例如铁丝和钢丝，它们只被允许经受断裂负载的$\frac{1}{4}$。在实践中，悬垂铁丝一般不会超过2千米，钢丝一般不会超过6.25千米，就是这个原因。

将金属丝垂入水中会增加其极限长度，比如将铁丝或者钢丝垂入水中，其极限长度会增加$\frac{1}{8}$，但用这个长度想要将之垂到海底根本就是天方夜谭。被用来测量海洋的深度所用的金属丝，是用特殊材料制作的坚固钢丝[1]。

3. 最强韧的金属丝

有一种金属材料为铬镍钢，它具有极强的抗断裂强度，使用250千克的力才能把截面积为1平方毫米的铬镍钢丝拉断。

图51有助于我们更形象地理解这种金属材料的强度，图中的细钢丝直径只比1毫米略粗一点，但承受一头肥猪的重量对它来说毫不费力。用来探测海洋深度的金属丝就是铬镍钢丝，1立方毫米的铬镍钢在水中的重量是7克，而这种钢在水中每平方毫米的容许负载是$\frac{250}{4}$=62.5千克，铬镍钢丝在水中的极限长度为$L=\frac{62}{7}\approx 8.8$千米。

但海洋的最大深度要大于这个长度，所以必须使用更小的安全系数，在用它进行深度探测时必须特别小心，以使它顺利到达海底的最深处。

事实上，当人们使用带有仪器的风筝探测高空时，金属丝会面临同样的挑战。当风筝顺利地爬上了9千米甚至更高的高空，牵着风筝的金属丝在承受自重的同时，还要承受风作用于风筝以及金属丝的压力（风筝的规格是2米×2米）。

图 51 一平方毫米截面积的铬镍钢丝承受了 250 千克的重量

[1] 用金属丝探测海洋深度的方法早已被淘汰，现在探测海洋深度利用的是海底回声技术，即回声探测法，本书作者在《趣味物理学》第十章有对这一内容做过详细介绍。

4. 强大的发丝

很多人直觉上认为，人的头发也就能和蜘蛛丝比强度，但千万不要这么小看头发，它甚至比很多金属都强大，虽然它的直径只有0.05毫米，但它能承受的重量却是100克。我们可以计算一下1平方毫米的头发的承重量。$D=0.05$ 毫米，$S=\frac{1}{4}\times3.14\times0.05^2\approx0.002$ 平方毫米，或者说 $\frac{1}{500}$ 平方毫米。你看，头发只需要用 $\frac{1}{500}$ 平方毫米的面积就能承受100克的重量了，1平方毫米的面积可以承受的重量是50 000克（50千克）。在图50所示的强度排名中，人的头发的强度排在铜和铁之间，铅、锌、铝、铂、铜都不及它，超过它的只有铁、青铜以及钢。

图 52 妇女发辫能承载的重量

这样看来，小说《萨兰博》的作者说，在古代迦太基人心中用来制作投掷机拉绳的最理想材料是女人的头发，这么说并非没有道理。

所以我们对图52中的画面应该能够认可：女人的发辫上挂着一辆20吨重的卡车。其实计算一下就能发现，在理论上讲这并不离谱，组成发辫的头发有200 000根，承重20吨对它们来说是能力范围之内的事。

5. 抗弯的管子

假设一根管子的环形截面积与同等材料的实心杆的截面积相等，谁的强度更大？如果只讨论二者的抗断裂强度和抗压强度，那么结论是旗鼓相当，使它们被拉断或压裂，需要的力是相同的。但如果讨论管子和实心杆的抗弯强度，那么二者的差别就太大了，让实心杆弯曲比弯曲管子容易多了。这是为什么呢？

请原谅我对卓越的科学家、强度学说奠基人伽利略的过分偏爱，我打算在这里再一次引用他的一段话说明这个问题。这段语言优美的描述来自于他的著作《两种新科学的对话》：

我想谈一谈对空心（中空）固体材料强度的意见，这种固体材料被广泛应用于人类技术，在大自然中它们同样被尽情地利用着，它们不必增加自身的重量，却能令人震惊地具有很高的强度。比如鸟儿的骨骼或者芦苇，它们的自身重量都是极轻的，但其抗弯力和抗断力却十分惊人。空心的麦秆撑起了比整根麦秆还要重的麦穗，但如果麦秆是同样物质同样质量的实心秆，其抗弯力和抗断力就要大打折扣了。研究人员已经通过实验证明：无论是麦秆，还是木管或金属管子，都比与其长度和重量都相等的实心体更结实，不过实心体的直径会比空心体的小。这一结论被人类技术应用到制造行业当中，将它们制造成了轻巧结实的空心体。

研究横梁在被弯曲时产生的应力，有助于帮助我们弄清空心物体比实心物体更结实的原因。图53中，*AB* 是一根横梁，将它的两端支起，把重物 *Q* 挂在横梁中部，可以看到，重物 *Q* 使横梁向下发生了弯曲。如果将横梁分为若干层来观察，我们会发现这时横梁的上层部分被压缩，下层部分却是被拉伸了，最中间的那层（中立层）没受到任何影响。这时，上层被压缩的部位产生了弹力，以对抗压缩，而下层被拉伸的部位同样产生了弹力，其目的是对抗拉伸，这两个弹力都想使横梁重新变直。在横梁的弹性极限允许的范围内，弯曲程度越大，抗弯力也就越大，弯曲会在力 Q 产生的力与应力相等时停止。

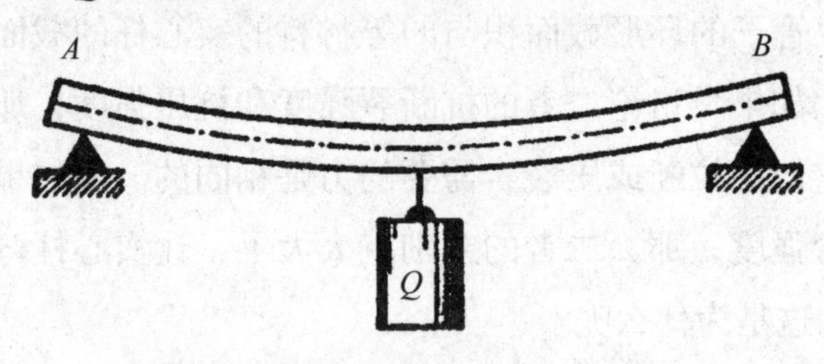

图 53　横梁的弯桥

可见对抗弯曲能力最强的是横梁的最上层和最下层，越接近中立层对抗的作用就越小。

所以理想的横梁截面形状应该是大部分材料要尽可能地距中立层远，比如工字梁和槽梁（图54）。

图 54　工字梁（左）和槽梁（右）

但这绝不能成为使横梁的梁壁过薄的理由，横梁的梁壁必须保证梁的两个层面不会相互移动位置，并且要保证横梁具有足够的稳定性。

在节约材料的角度上看，桁架要比工字梁更完美，桁架（图55）将接近中立层的材料全部去掉了，取而代之的是用弦杆 AB 与 CD 将杆 a、b、c、d、e、f、g、h、k 连接而成的支架，这使桁架的自身重量也相对轻便了起来。根据我们所掌握的知识可以判断，负载力 F_1、F_2作用于桁架，它的上层被压缩，下层被拉伸。

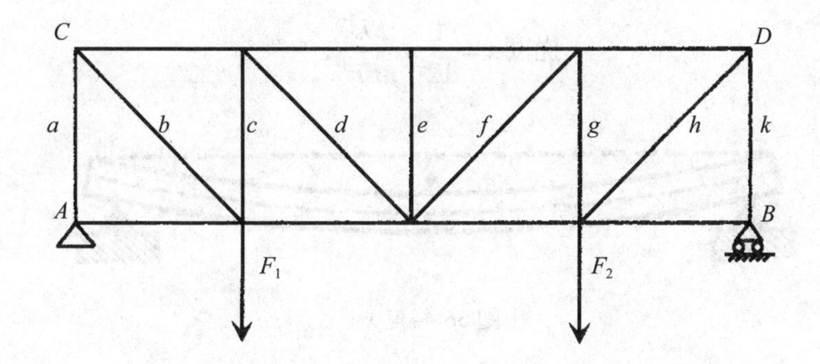

图 55 就强度而言桁架可代替实体的梁

关于为什么管子比实心杆更强的道理，相信读者已然明了。下面有一个数字例子，假设两根圆形梁的长度相等，其中一根是实心梁，另一根是空心管，二者截面积与重量都相等。但这两根梁的抗弯力却具有相当大的差别：计算结果证明，管子梁的抗弯力要比实心梁的抗弯力大112%[1]，超过一倍。

6. 七根树枝的寓言

伙伴们，如果解散一把笤帚，你能一根一根地折断它的枝条；但将这些枝条系在一起，你还能折断它吗？——绥拉菲摩维奇《在夜晚》。

这是大家熟知的关于七根树枝的古老寓言。父亲为了儿子之间的和睦，把七根树枝捆在一起，让他们折断，儿子们无一成功。后来父亲把这七根树枝散开，轻而易举地就把树枝一一折断了。

从力学或者说从强度的角度来研究这个故事，也是非常有趣的。

力学上将杆弯曲的程度用“挠度”x（见图56）进行测量，梁的挠度越大，就越接近折断。挠度的公式为：

[1] 仅适用于管子内径与实心梁直径相等的情况。

$$挠度\ x=\frac{1}{12}\times\frac{PL^3}{\pi Er^4}。$$

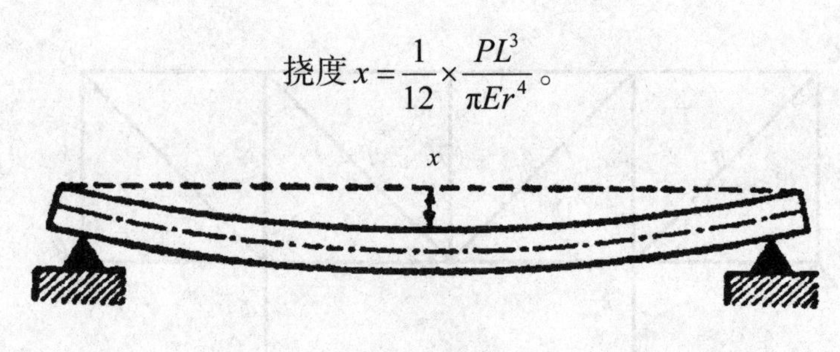

图 56 挠度 x

在这个公式中，作用于圆杆上的力用 P 表示，圆杆的长度是 L，$\pi=3.14$，E为用来制作圆杆的材料的弹性值，r 是圆杆的半径。

我们用这个公式来计算作用于树枝上的力。假设故事中的父亲将七根树枝捆得非常紧，并将这捆树枝看作实心杆。虽然这有些勉强，但反正我们并不需要一个精确的答案。这个“实心杆”的直径大约是一根树枝的3倍，现在我们来证明，使单根树枝弯曲（或者说折断）要比使这一整捆树枝弯曲简单多了。如果想使单根树枝与一整捆树枝具有相同的挠度，用于单根树枝上的力 p 与用于整捆树枝上的力 P 之间的比值可以这样求出：$\frac{1}{12}\times\frac{pL^3}{\pi Er^4}=\frac{1}{12}\times\frac{PL^3}{\pi E(3r)^4}$，可以得出 $p=\frac{P}{81}$。

现在我们知道，父亲折断树枝用了七次力，但每次用的力与他的每个儿子相比，只是他们的$\frac{1}{81}$。

第八章

功·功率·能

1. 认识千克米

“千克米是什么？”

“把1千克的物体提高到1米的高度所做的功就是千克米”，人们总会这样说。

很多人认为这样来定义功的单位是相当详尽的，如果再强调一下提升是在地面上进行的，那简直太全面了。但如果你也认同这样的定义，我希望你能看看下面这个问题，这是由30年前一位著名的物理学家在一本数学杂志上提出来的：

“一门大炮垂直向天空发射出一枚重1千克的炮弹，已知炮膛长度约为1米，火药气体的作用只在1米距离内有效，由于炮弹行程中的其余气体压力均为零，所以这些气体只做了1千克米的功，也就是把炮弹提升到了1米的高度，但大炮所做的功是否只有这么一丁点儿呢？”

如果事实的确如此，那就根本没火药什么事儿了，我们用手也能把炮弹向上抛1米高，可见，这个计算中存在错误，但错误在哪里呢？

当我们研究所做的功时，忽略了它的主要部分。其实炮弹走到炮口时已经具有了速度，而这个速度在发射前并不存在。火药气体所做的并非仅仅是把炮弹位置提高了1米，它在把炮弹位置提高了1米的同时，还给了它一个非常大的速度，这个速度能够告诉我们到底有多大的功被我们忽略掉了。假设火药给予炮弹的速度是600米/秒（即60 000厘米/秒），那么对于质量为1千克（即1000克）的炮弹来说，它的动能为：

$$\frac{mv^2}{2}=1\,000\times\frac{60\,000^2}{2}=18\times10^{11}\text{尔格}$$

那么炮弹存储的动能为18 000千克米。这充分证明，本节开头提到的对千克米的定义是不准确的，这样的定义将这么大的一部分功未计在内。

用下面的语言描述千克米应该就让人很清楚了：

千克米就是在地球表面将原本静止的1千克物体提升到1米的高度所做的功，该物体被提升后的速度不会发生变化。

2. 恰好一千克米的功

我们会这样想：做出1千克米的功简直太容易了，把一个1千克的砝码提升1米的高度就可以了。但是完成这个动作要用多大的力？1千克的力肯定不行，因为使砝码运动的力必须比砝码的重量大，所以必须得用比1千克大的力。在被提升的过程中，由于不断作用的力会使物体产生加速度，那么砝码在被提升后也会有一个不等于零的速度，因此这里所做的功要大于1千克米。

在将1千克重的砝码提升到1米高度时，想使所做的功正好等于1千克米，该怎么做呢？

可以用另一个办法。开始的时候，用大于1千克的力把砝码由下向上推，这会给砝码一个向上运动的速度。接下来减速或停止用力，这样可以使砝码的速度也减小。手停止用力的时机要选好，应该能使砝码在到达1米的高度时恰好将速度降为零。这种方法并不是持续施加1千克的力，这个力是从大到小变换的，先是大于1千克，然后是小于1千克，但这种方法使我们恰好做出了1千克米的功。

3. 功的计算

把1千克重的物体提升到1米的高度，还要保证所做的功恰好是1千克米，真是一件麻烦的事情，所以还是不要用这种看上去好像很简单但实际上却让人费脑筋的定义。

我们用另一个方法来定义千克米就准确多了：假如力的作用与路程

的方向相同，那么千克米就是1千克的力在1米的路程上所做的功[1]。

这里有一个完全必要的条件——方向一致，这是个必须得到重视的条件，否则会使功的计算出现重大错误。

对发动机的工作能力进行比较，其实是比较它们在同样的时间里所做的功的大小，此时最方便的时间单位是秒。力学中有“功率”一词，它被用来度量工作能力，发动机在1秒钟内所做的功就是它的功率。功率的单位是瓦特，但有时也会用马力为单位，1马力=735.499瓦特。现在来做一道相关的题目：

【题目】有一辆汽车正在以72千米/小时的速度在水平的直线道路上行驶，假设它的重量是850千克，它在行驶过程中受到的阻力是其重量的20%，那么汽车的功率是多少呢？

【解题】汽车在水平的直线道路上匀速行驶，此时使它前进的力与它受到的阻力是相等的，即：$850\times0.2=170$ 千克，汽车在1秒钟内走过的路程是 $72\times\frac{1\,000}{3\,600}=20$ 米/秒。

由于使汽车前进的力的方向与汽车运动的方向相同，所以汽车的功率就是它在1秒钟内所做的功，计算出力与汽车每秒走过的路程的乘积即可知：170千克 × 20米/秒=3 400千克米/秒 ≈ 34 000瓦特。

这个结果可以用马力表示：$\frac{34\,000}{735}\approx46$ 马力。

4. 拖拉机的牵引力

【题目】已知拖拉机挂钩上的功率是10马力，那么当拖拉机分别以

[1] 也许有的读者中会对此提出反对意见：在这种情况下，当路程结束时物体也会有一定的速度，那么应该认为 1 千克的力在 1 米的路程上所做的功要大于 1 千克米才对。物体在路程结束时的确会有一定的速度，但力所做的功的目的就是为了给物体一个速度，使它具有恰好为 1 千克米的动能，否则就会破坏能量守恒定律：得到的能量比消耗的能量少。但如果是将物体垂直提升，就是另外一回事了。将 1 千克重的物体提升到 1 米的高度时，物体的位能增加到了1千克米。如果在这之外它还得到了一定的动能，其结果只能是得到的能量大于消耗的能量了。

2.45千米/小时、5.52千米/小时和11.32千米/小时的速度行驶时，它的牵引力分别是多少呢？

【解题】由于功率是1秒钟所做的功，所以本题中牵引力和每秒钟的路程的乘积就是功率。这里的功率的单位是瓦特，牵引力的单位是牛顿，路程的单位是米。

当速度为2.45千米/小时的时候，功率为：$735\times10=X\times(2.45\times\frac{1\,000}{3\,600})$，解这个方程，可得拖拉机的牵引力$X\approx10\,000$牛顿。

采用同样的方法可得：当速度为5.52千米/小时的时候，拖拉机的牵引力是5 400牛顿；当速度为11.32千米/小时的时候，拖拉机的牵引力是2 200牛顿。

在这里，运动速度与牵引力成反比。

5．活体发动机的优势

1个人能在1秒钟内做出735焦耳的功吗？或者说，1个人能产生1马力的功率吗？一般来讲，人在正常工作条件下产生的功率约为$\frac{1}{10}$马力，这个值介于70～89瓦特之间。但在特殊条件下，人会在短时间里产生非常大的功率。

这里举一个例子：快速跑上楼。我们匆匆忙忙地跑着上楼，这时所做的功就会超过80焦耳/秒（见图57）。假如人的体重是70千克，跑上楼的速度是每秒钟登上6级台阶，每级台阶的高度是17厘米，那么所做的功就是$70\times6\times0.17\times9.8\approx700$焦

图57 此时人可以产生的功率是1马力

耳，这个值相当于1匹马的功率的一倍半，接近于1马力。

不过，这么紧张的运动，谁也不可能持续不停，所以每过几分钟就要停下来休息片刻，如果把这些没在工作状态中的休息时间也计算在内的话，那么平均功率还不足0.1马力。

多年前曾有一次90米的短跑比赛，当时曾有运动员发挥出了5 520焦耳/秒的功率，这相当于7.4马力。

图 58 此时马产生的功率约 7 马力

马也能提高自身的功率，而且能提高10倍甚至更多。一匹体重500千克的马在1秒钟内跳到1米的高度所做的功是5 000焦耳（见图58），这相当于$\frac{5\,000}{735}=6.8$马力。由于1马力的功率等于一匹马的平均功率的1.5倍，所以说这匹马的功率已经提高了10倍。

可见，活体发动机短时间内使功率以整数倍提高的能力的确胜于机械发动机。在平坦的公路上，一辆功率为10马力的汽车会比一辆由两匹马拉着的大车行驶得更好。但如果走在沙土路上就不一样了，汽车会因不断被陷进沙子里而面临重重困难，两匹马却会在此时产生不小于15马力的功率，使汽车头疼的各种困难对这两匹马来说都算不上什么（见图59）。

图 59　这时候活体发动机比机器更有优势

物理学家索第曾经对这一现象发表了自己的看法，他说：“从某个角度上来讲，马称得上是一种非常实用的机器，在汽车被发明出来之前，我们还没有体会到它的潜力。马车一般只需要套两匹马就足够应付相对复杂的路况，但汽车却不行，它得至少套上12匹～15匹马，才不至于每遇到一个小沙丘就必须停下来。”

6. 100 匹马与一台拖拉机

在将活体发动机和机械发动机进行对比的时候，要特别注意一个细节：几匹马的总力量并不是把所有马的力量都加在一起。事实上，两匹马的总力量小于一匹马力量的两倍，三匹马的总力量比一匹马的力量的三倍小，依此类推。出现这种现象的原因是由于，当几匹马被套在一起的时候，用起力来很难协调，互相之间甚至还会造成干扰。

下面的表格里列出了不同数量的马套在一起时产生的功率。通过观察你会发现：5匹马套在一起时的力量是一匹马的3.5倍，而不是一匹马的5倍，8匹马套在一起时提供的牵引力只有一匹马的3.8倍。马的数量越多，这个结果就会越糟糕。这意味着，在实际使用的过程中，15匹马绝对不能代替一台10马力的拖拉机。

马匹数量	每匹马的功率	总功率
1	1.00	1.0
2	0.92	1.9
3	0.85	2.6
4	0.77	3.1
5	0.70	3.5
6	0.62	3.7
7	0.55	3.8
8	0.47	3.8

其实，再多的马匹也无法代替拖拉机，哪怕是代替一台马力很小的拖拉机也不行。

法国有句俗话说：“100只兔子也比不上一头大象。”我们也可以说这样的话：“100匹马也代替不了一台拖拉机。”

7. 机器仆人

机械发动机曾被列宁称为“机器仆人”，这是相当恰当的说法，遗憾的是我们自己并不十分了解这些“机器仆人”的本事。机械发动机将巨大的功率集中在非常小的体积里，这是它与活体发动机相比最大的优势。古人眼中最强大的“机器”莫过于体格强健的骏马或大象，当需要增加功率的时候，古人就只能想到增加牲畜的数量。而新时代技术所解决的问题，却是将很多匹马的工作能力集中进一台发动机。

在距今一百多年前，最强大的机器是重达2吨的20马力的蒸汽发动机，平均1马力要承担的机器重量为100千克。为便于理解，请允许我暂时假设1马力功率=1匹马的功率。对马来说，1马力要负担的重量是500千克（也就是平均一匹马负担的重量），但对于机械发动机而言，1马力需负担的重量只有100千克，所以说蒸汽机就像一匹拥有5匹马的功率的大马。

对重量为100吨的现代2 000马力的机车来说，每马力的负担小得更多。而重120吨的4 500马力的机车，其每马力要负担的重量仅是27千克。

航空发动机是一个具有重大意义的发明。一台550马力的航空发动机的重量只有500千克，而每马力只需要负担约1千克的重量[1]，这个比值在图60中得到了非常直观的展示。

图 60　马头上的涂黑表示 1 马力在各种机械发动机里平均负担的重量

[1] 有些现代航空发动机每马力的重量已经减小到低于 0.5 千克。

而图61则通过大马与小马之间的对比，将钢铁肌肉的重量在马匹强健肌肉的重量面前表现出的微不足道展露无遗。

图 61 同等功率下航空发动机与马的重量之比

图62将一台小型航空发动机的功率与马的功率的对比展现在我们眼前：一台162马力发动机的汽缸容量只有2升。

图 62　汽缸容量为 2 升的航空发动机的功率是 162 马力

然而在这场比赛中，现代技术的潜力还没有得到完全的发挥[1]，燃料中所蕴含的能量尚未被全部挖掘出来。现在我们来了解一下1卡热量里面所含的功。1卡热量是指能将1升水的温度升高1° 的热量。如果将1卡热量100%转为机械能，可提供4 186焦耳的功，这些功能把427千克重的物体提升1米的高度（见图63）。但是，4 186焦耳只是一个理论值，现代热力发动机的功只有10%～30%是有用功，发动机从每1卡的热量中只能得到约1 000焦耳的功。

人类发明了许多产生机械能的能源，在它们当中，功率最大的是射击武器。

[1]　现在在这方面最厉害的是火箭发动机，它在非常短的时间里的功率是几十万甚至几百万马力。

图 63　1 卡热量变成机械能后能将 427 千克重的物体提升 1 米

一支现代步枪的重量约为4千克（当然只有一半的重量是能够实际起作用的有效部分），它在射击时产生的功是4 000焦耳。你也许会觉得这个功并不大，但是要知道，现代步枪的子弹在枪膛里受到火药气体作用的时间只有$\frac{1}{800}$秒，也就是说这个4 000焦耳是$\frac{1}{800}$秒内所做的功，而计算发动机功率使用的是每1秒钟所用的功。计算出火药每秒钟所做的功，你会发现这是个可怕的值：4 000 × 800=3 200 000焦耳/秒，或者说4 300马力。将这个功率用2千克（也就是步枪的有效部分的重量）除一下，就会再得到一个让人吃惊的结论：在这里，平均每马力要负担的机械重量只有0.5克！这是什么概念？是的，就像一匹体重为0.5克的小马，大概像一只甲壳虫那么大的一匹微型小马，它的功率完全能与一匹真正的高头大马相匹敌！

假如我们不讨论重量与功率之间的比，只对绝对功率进行探讨，那么大炮肯定会打破所有纪录脱颖而出。大炮能将重达900千克的炮弹以500米/秒的速度发射出去，它在0.01秒里产生的功约为1.1亿焦耳，而这早已不是人类技术上的最新成就了。

图 64　大炮发射炮弹所做的功足以将 75 吨的重物提升到最高的金字塔塔顶

图64为我们展示了这个超大的功：图中的轮船重达75吨，这个功相当于把这样一艘巨轮提升到150米高的金字塔的塔顶所用的功。由于产生这个功的时间只有0.01秒，所以这个功率的值相当于110亿瓦特或者1 500万马力。

图 65　发射巨型海军炮弹所用能量的热可以融化 36 吨冰

图65所展示的是海军巨型炮的能量对比图，这幅图也能充分说明这一问题。

8．高高的秤杆

有些狡猾的商贩会在称重时要些手段：他不会把最后一部分货物轻轻地放到秤盘上，而总是从高处摔下去，这时秤杆会忽然向秤盘倾斜，看上去好像重量超了不少的样子，老实的顾客看得满心欢喜，自然也不会较真。但如果有冷静的顾客等到秤杆停下来再看看，就会发现其中缺斤短两的猫腻了。

为什么会出现这种迷惑人的现象呢？原因是相对于物体本身的重量来说，下落的物体施加于着力点的压力更重。我们假设使一个重10克（0.01千克）的物体从10厘米（0.1米）的高处下落到秤盘上，它落入秤盘时的能量为：

$$0.01\text{千克} \times 0.1\text{米}=0.001\text{千克米} \approx 0.01\text{焦耳}$$

这样的能量消耗会将秤盘向下压，我们假定向下压了2厘米，计算一下作用于秤盘的力F。根据$F \times 0.02 = 0.001$，求得：

$$F = 0.05\text{千克} = 50\text{克}$$

所以你看，只有10克的货物，从高处落入秤盘的时候还会额外产生50克的压力。顾客满心欢喜地离开，根本不知道手里的货物缺少50克。

9. 亚里士多德的问题

亚里士多德在伽利略奠定力学基础的两千年前就写出了《力学问题》一书，这本书里有36个力学问题，我们选择其中的一个来看一看："在木头上放一把斧头，并取重物压在斧头上，此时木头受到的伤害极小。如果将重物移开，拿起斧头高高举起向下砍在木头上，木头就会被劈成两半。但向下砍的重量远不如之前压在上面的重量大，这是为什么呢？"

亚里士多德没能解答这个问题，其原因在于那个年代的人们对力学的认识极为有限。我们的读者中或许也有人无法解答这一问题，所以接下来我们就对它进行详细的探讨：

斧头砍到木头上时，它的动能包括人举起它时产生的能和将它向下砍时获得的能。假设斧头的重量是2千克，被举的高度是2米，人将它举起时产生的能就是$2 \times 2 = 4$千克米。斧头向下砍的过程在重力和人的臂力的共同作用下完成，如果仅仅只是靠其自身重量的作用，那么这个动能应该等于它被举起时得到的能，也就是说应该等于4千克米。但由于人臂力的作用使斧子的速度加快了，它得到了更多的动能。如果人的手臂在使斧子向下砍时用的力与将其向上挥时用的力相等，那么斧子向下砍时获得的动能就要再加上一个4千克米的能，所以斧子砍到木头上所具有的动能一共是8千克米。

斧子砍到木头上，能砍进去多深？这个深度我们假设是1厘米（即0.01米），这意味着斧子的速度仅在0.01米的距离内就归零了，或者说斧子的动能在0.01米内被全部消耗光。现在我们很容易地就可以对斧子施加于木头的压力F进行计算：根据$F \times 0.01 = 8$，得到$F = 800$千克。也就是说，斧头是用800千克的力量砍木头的，重达800千克的力劈开一块木头简直是小菜一碟，没什么好奇怪的。

我们在解答了亚里士多德的问题的同时，又得到了一个新问题：

人不能仅靠自己肌肉的力量劈开木头，那么他是怎么把那么大的力量传给斧子的呢？重点在于，挥砍斧头的上下运动所经过的长达4米的路程中所得到的全部能量，仅在1厘米的路程中就消耗光了，所以就算不是斧子，而是别的什么东西，有这样的功率也就不再是它自己了，因为这已经相当于“本领”堪比锻锤的机器了。

在工业上，5 000吨的压力机代替了150吨的气锤，600吨的压力机代替了20吨的气锤，等等。上面的分析结果让我们明白了这种替代所带来的工作效率上的巨大提升。

用同样的道理可以解释许多现象，比如骑兵所用的武器——马刀，它的砍劈力度极大。

事实上，尽管刀刃上的面积是极小的，但当力量被集中在刀刃上时，每平方厘米的压力相当于几百个大气压，这个意义是非常重大的。

挥刀的幅度也对砍劈的力度起到了重要作用，在砍到敌人身上之前，马刀的一端挥动的距离约有1.5米，而这1.5米内获得的能量，在马刀砍入敌人身体10厘米左右的深度内就消耗光了，这段距离只是1.5米的$\frac{1}{10}$~$\frac{1}{15}$，但这也相当于战士们手臂上的力量增加到了原来的10倍~15倍。

另外一个有助于提高杀伤力的因素就是砍杀的方法：马刀的使用方法不仅是砍击，砍击的同时还必须将刀抽回，所以更确切的说法不是砍击，而是砍切。

我们在生活中可以做个小实验，就是在切面包的时候，你试一试砍与切两种方法，看看哪种更容易。

10．稻草和刨花

为了保护易碎品的安全，避免使其被搬动时产生的震动震碎，我们习惯使用稻草、刨花、纸条等作为衬垫物来对易碎的物品进行包装（见图66）。但你有没有想过，为什么稻草和刨花这类东西能对易碎品起到保护作用呢？有的读者会说：“因为它们能在震动的时候能减缓碰撞啊。”这相当于什么也没说，只不过是重复了一遍问题，因为我们想知道的就是为什么它们能减缓碰撞。

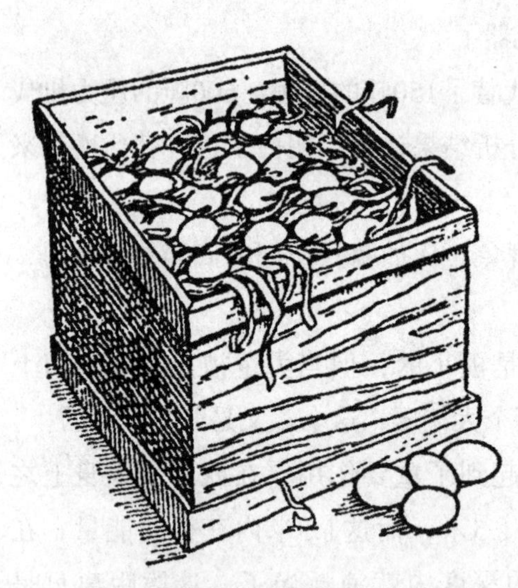

图 66 将鸡蛋装箱时要用刨花衬垫

这里面有两个原因：第一个是稻草、刨花等衬垫物使易碎品之间相互接触的面积加大了。一件棱角尖锐的物体与另一件物体通过衬垫物接触时，相互之间的接触是片和面的接触，而不是点和线。通过扩大受力面积的方法，可以达到减小压力的目的。

第二个原因表面上看不出来。当震动发生时，箱子中的每件易碎品都会开始运动，但邻近的物体互相妨碍，又使这个运动必须马上停止。可此时运动的能量如何消耗？当然只好消耗在与自己相互挤压撞击的物体上了。这个消耗能量的距离无疑是极短的，根据能量等于力 F 与距离 s 的乘积这一定律，挤压与撞击的力量肯定会非常大。

衬垫物的作用已经很明显了：它们加长了力作用的距离 s，并因此使挤压的力 F 减小。我们知道，玻璃或鸡蛋壳的挤压距离只有几十分之一毫米，超过了这个距离就会破碎。如果不使用衬垫物，力作用的路程也就会只有这么小，那么易碎品之间真正互相施加的力就会很大。有了衬垫物后，易碎物之间的力的作用路程被这些衬垫物延长了几十倍，也使力的大小变成了原来的几十分之一。

这就是衬垫物可以对易碎品起到保护作用的第二个原因，也是最重要的原因。

11. 谁打败了野兽

图67是东非人在丛林中布设的捕兽器，用来捕捉体型庞大的动物，比如大象。当大象在捕兽器下通过时，如果脚碰到了地面上的绳子，就会有一段带有尖刺的大木头落到它背上，使它被刺伤甚至刺死。图68是另外一种捕兽器，它的设计更加巧妙。当野兽碰到绳子时，会使一张已被拉满的弓放开，这时弦上的箭会立即射向野兽。

图 67 非洲丛林中猎象用的机关

这些射向野兽的利器都具有非常大的能量，这些巨大的能量来源于布设捕兽器的人的能量。带尖刺的大木头从高处落下来时所做的功，就是人将它举到高处时消耗的功；弦上的箭射向野兽所用的功，就是猎人将弓拉满时所用的功，是野兽使它们贮存起来的这些势能得到了释放。但再次使用这些捕兽器时，还得再次用同样的功提前布设好。

图 68　猎兽用的自动发箭器（非洲）

再来看一个用木头捕兽的装置（见图69），这与大家熟知的那个熊和木头的故事中提到的装置不大一样。树干上有一个蜂房，爱吃蜂蜜的熊顺着树干爬了上去。但垂在树干中部的一块大木头挡住了熊的路，熊将它推开，它被摆了出去，又马上摆了回来，还碰到了熊的头。熊又把它推开，这次用了些力气，但木头被摆出去后又马上回来了，这次重重地撞了熊一下。熊生气了，用更大的力推开木头，它又被更重地撞了一下。于是熊暴怒着一次又一次与木头搏斗，结果木头每次都能回来，而且一次比一次更重地砸在熊的身体上。最后，熊累得筋疲力尽，直接从树上掉了下来。哪知道祸不单行，地上竖着一根尖尖的木橛，熊从树上掉下来，恰好跌坐在这根木橛上。

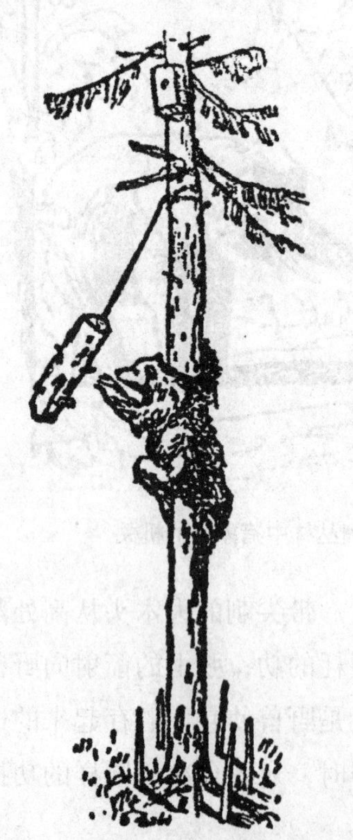

图 69　熊正在与悬挂着的木头较量

这是个省力的装置，它不需要每捕一只熊便重新布设一次，可以重复使用，除了第一次布设之外，不再需要人的参与便可以单独完成捕熊任务。但这样一来，把熊打下树的能来源于哪里呢?

这里所做的功来源于野兽自己，是它自己把自己打得掉下树来，使自己被扎伤的。熊每一次推开木头时，都把自己的肌肉的能量转化为了木头的势能，接下来这个势能又变成了使木头返回的动能。而熊在爬树的过程中，把自己肌肉的能量转化为了提升自己身体所处位置高度的势能，最后，就是这个势能变成了使它掉下树并跌坐在尖木橛上的能，所以整个过程就可以描述为这样一幕悲剧：熊爬上树，和自己打了起来，把自己打得掉到了树下，又把自己扎在了尖木橛上。

最主要的是，爬上树的野兽越凶猛，它的下场就越惨。

12. “自动”机械

有一种能够自动记录步行次数的小仪器，名字叫计步器，它的外形和怀表差不多，能放在口袋里随身携带。图70展示了它的刻度盘和内部构造，固定在杠杆 AB 一端的重锤 B 是它的主要部分，杠杆 AB 能绕 A 轴转，重锤 B 停留在图中的位置，一个软的弹簧使它不能到达下半部分。计步器被放在人的口袋里，随着人走路时身体的上下运动一起运动。不过在此时，重锤 B 由于惯性的作用不会立刻随计步器一起向上运动，它会与弹簧的弹性进行对抗，向下半部分运动。而当计步器开始向下运动时，重锤 B 又会向上半部分运动，所以人走一步，杠杆 AB 要摆两次，这个摆动会通过小齿轮使表盘上的指针走动，从而记录人的步数。

图 70　计步器以及它的构造

试想一下，使计步器运动的能源来自哪里？读者们一定会脱口而出，来自人的肌肉所做的功。但有的人并不这么认为，他觉得计步器并不需要走路的人专门为它多消耗能量，因为人反正是在走路的，有没有计步器都要走路，所以并没有为计步器费什么力气。这种想法实在是大错特错，事实上，步行者的确需要多用些力气去克服重力与将重锤 B 控制在上半部分的弹簧的弹力，同时使计步器提升到一定高度。

依据计步器带给人的灵感，一种可以由人的日常动作带动的表被发明出来，并且已经投入了使用。这种表只要戴在人的手腕上，就不需要人再为它操心了，日常生活中手的动作会在不经意间帮它把发条上紧。只要在人的手腕上待几个小时，它就能准确无误地走上一昼夜。这种表让人们感觉非常方便，因为手表必须随时将发条紧到一定程度，才能走得准，而它的发条始终是上好的，不需你分神去照顾它。当然也正因为如此，它的表壳上没有任何开孔的地方，灰尘和水不可能进得去。表面看上去，这种手表对钳工、裁缝、钢琴家，特别是打字员等经常进行手部动作的人来说应该是非常适用的，然而对脑力劳动者来说似乎就有些不适合了。这种想法无疑太片面了，作为一种装配细致的表，它有一个重要的性能，那就是只要很小的脉冲就能让它走动起来。其实手部的两三个动作就足以促使重锤带动发条了，这可以让表走上三四个小时呢。即使是脑力劳动者，也不大可能在三四个小时里完全保持静止状态。

那么是不是可以认为这种表的主人完全不用为它消耗任何能量呢？不能这样想。其实这种表对主人肌肉力量的需要并不比普通的表少，甚至于，戴有这种表的手臂为它消耗的能量要比普通表的主人上发条时消耗的能量还要多，因为必须付出一部分力克服弹簧的弹力。

美国有一家店铺的老板设计出一种“自动”做家务的装置，这种装置像手表一样，需要上紧发条才能工作。这位老板让这个装置与商店大门的开关连在一起，通过门的开关运动就能为这个装置上紧发条，从而“自动”地去做一些有益的家务活儿。在他看来，反正顾客进店出店总是要开门关门的，这样的设计等于拥有了免费的能源。但事实上，这位老板是在强迫顾客们为他做家务，因为每个进入他的商店的人都不得不多花些力气克服弹簧的弹力。

严格地说，无论是靠手臂动作上发条的表，还是靠顾客开关门上发条的装置，都不算是自动机械，最多也不过是使人们在不必特别关照的情况下用自己的肌肉能量为机器上了发条而已。

13. “欺骗人的”摩擦取火

我们在书本上看到的摩擦生火似乎非常容易，看上去操作起来特别方便。但实际做起来绝对与想象的不一样。马克·吐温就有过在模仿书本上的方法进行摩擦生火时惨遭失败的经历，他是这样描述这件事的：

我们在大冷天里，每人拿了两根小棒卖力地将它们互相摩擦。结果两个小时过后，我们已经快冻僵了，小棒也被冻得冷冰冰的。我们狠狠地咒骂那些据说曾这样成功过的印第安人和猎人，以及那些告诉我们这种办法可行的书本。

《老练的水手》的作者杰克·伦敦也在作品中提过同样的事：

我读过不少曾经在困境中成功脱险的人写的回忆录，我发现他们都曾经尝试过摩擦生火，但是没有人成功。这让我想起在朋友家遇到过的一位曾在阿拉斯加和西伯利亚旅行的记者，他极其风趣地向我们讲述了他在野外尝试摩擦取火却以失败告终的经历，最后他总结说：“可能南方海岛上的居民更擅长做这个吧，或者马来人也能做到。但是说实话，他们在这些方面可比白人强多了。”

在小说《神秘岛》中，儒勒·凡尔纳也表达了同样的观点，下面是小说中的老水手潘克洛夫与青年人赫伯特的一段关于摩擦生火的对话：

“我们可以像原始人那样用两块木头来摩擦取火呀。”

“好吧，孩子，那你就来试试看，看看除了得到两只磨出血的手，还能得到什么别的结果。”

“可是太平洋的很多岛屿上的人都流行用这个方法呀……”

“我不想和你争论这件事，”潘克洛夫说道，“不过我觉得，那些土著人可能在这方面有什么特别的本事吧，反正我是不行的。我尝试过很多次，一次也没成功，我还是坚决主张用火柴。”

尽管嘴里这样说着，潘克洛夫还是找了两块干木头回来，和年轻人一起试着用摩擦的方法取火。如果他和纳布能把这两块木头摩擦出火所付出的能量全部转化为热量的话，这些热量足够将一艘横渡大西洋的轮船上的锅炉烧开。不过很遗憾，他们费了这么大的力气，结果只是使两块木头稍微有了些温度，但这点温度还不如他们的体温高。

于是，用一个小时的时间累了一身汗的潘克洛夫气呼呼地把木头扔到一边去了，他懊恼地说：“我宁可相信大冬天里能有比夏天还热的日子，也不再相信原始人能用这东西摩擦出火来，把手搓得冒出火来也比干这个容易！”

我们来分析一下他们为什么会失败。其实很简单：方法不对。要知道大部分的原始人并不是只用两根木棒随便摩擦就摩擦出火来的，准确地说，正确的方法叫作“钻木取火”，就是用一根削尖的木棒在木板上钻孔。我们对比研究一下这两种方法的不同。

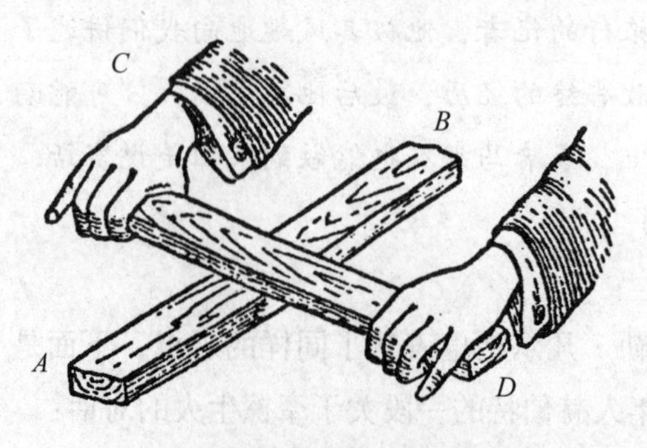

图71　本书中介绍的摩擦取火的方法

图71中有两根呈十字形摆放的木棒，分别是AB和CD。用两手握住CD的两端，用力在AB上来回移动（即摩擦），每移动两次的距离是25厘米。木头与木头之间的摩擦力是施加于互相摩擦的两根木棒的压力的40%，这是

一个力学常识。我们随意假设一个近似值，假设手给木棒带来的压力是2千克，那么这里实际的摩擦力是 $2\times0.4\times9.8\approx8$ 牛顿，这个摩擦力在50厘米内所做的功是 $8\times0.5=4$ 焦耳。如果把这部分功全部转化为热能，这些热能会使多大面积的木头发热呢？我们知道，木头的导热能力是很差的，所以这些热量只能传到木头表面非常浅的一小层里面。我们假设这层薄薄的受热层的厚度是0.5毫米[1]，两根木头的接触面的宽度是1厘米，可以计算出互相摩擦的面积为：$50\times1\times0.05=2.5$ 立方厘米。

也就是说，摩擦产生的力量可以使木头受热的体积变为2.5立方厘米，一块拥有这种体积的木头的重量大约是1.25克。由于木头的热容量是2.4克，体积为1.25克的小木头可以被这种摩擦增加 $\frac{4}{1.25\times2.4}\approx1$℃。

可以理解为，在不造成热量流失的前提下，互相摩擦的木棒的温度提升情况大约是每秒钟1℃。但是木棒肯定会受到空气的冷却作用影响，而且整根木棒都会受到这种作用影响，这个作用还不小呢，所以马克·吐温摩擦了两个小时，木棒不仅没变热，相反变成了冷冰冰的，这是符合事实的。

但如果用的方法不是摩擦生火，而是钻木取火（见图72），那结果可就不一样了。

假设旋转的木棒尖端直径1厘米，并钻入木头里1厘米深的位置，钻弓的长度是25厘米，每秒钟拉动一个来回，拉动钻弓所用的力是2千克，在这种情况下，每秒钟做的功还是 $8\times0.5=4$ 焦耳，产生的热量也和前面是一样的。不过这一次木头受热的体积只有 $3.14\times0.05=0.15$ 立方厘米，这种体积的木头也只有0.075克重。这两个数值都比摩擦取火要少，因此木棒尖端钻出的凹坑里的温度理论上每秒钟会升高 $\frac{4}{0.075\times2.4}=22$℃。

这样的升温幅度是非常有可能出现的。钻木的时候，木头受热部分的热量并不容易丢失，而木头的燃点只有250℃，只要坚持钻下去，只需

[1] 读者从下面可以看到，这个数值就算假设得再大一些，也不会使结果有很大变化。

图 72　钻木取火

要$\frac{250}{22}\approx 11$秒的时间就可以使木头燃烧了。

根据民族学家的考证结果，在非洲黑人中有专门的钻火人，这些有经验的钻火人只用几秒钟的时间就能钻出火来[1]，这说明我们刚刚证明出来的数据是与现实相吻合的。

我们知道，大车车轴如果没有做好润滑就会经常被烧坏，导致这个结果的原因与我们刚才分析过的也是一样的。

14. “消失”的能量

当你把一个钢制的弹簧弯曲的时候，你为此所做的功就转化成了这个钢制弹簧的弹性势能。如果你用这个弯曲着的弹簧去举重物或者转动车轮，你会重新得到为其付出的能。在这个过程中，能量被分成两个部

[1]　原始人的取火方法并非只有钻木取火一种，其他的方法还有很多，比如使用“火犁”和“火锯”，用这两种方法都能避免木头的受热部分（即木屑）被周围的空气冷却。

分，一部分成为有用功，另一部分的任务是去克服摩擦阻力。自始至终，你最初付出的能量全都发挥了作用，没有损失掉一个尔格。

但如果你没用这个弯曲了的弹簧去举重物或者转车轮，而是把它放进了硫酸里，它就会被溶解掉。弹簧带着你给它的动能消失了，没有谁能把这个动能还给你，这看上去好像是把能量守恒定律破坏掉了。

事实是否真的这么令人悲观呢？当弹簧从眼前消失的时候，我们以为一切都化为乌有，但其实有很多事情被我们忽略了。弹簧是一点一点被硫酸腐蚀掉的，当它断裂的瞬间，它的能量可以转化成动能，从而推动周围的硫酸液体；它的能量还能转化成热量，使硫酸的温度得到升高，当然，这个升高的数值不会太大。我们假设弹簧被弯曲后，它的两端比平时被拉近了10厘米（即0.1米），弹簧的应力是2千克，换句话说，假设使弹簧弯曲的力平均数值为1千克，那么弹簧的势能就是1×0.1=0.1千克米。这么少的热量也就只能为全部硫酸的温度提高几分之一度，显然是很难被察觉的；但除了这种可能性，它的能量还可能转化为电能或化学能。如果转化为化学能，或许可以加快弹簧的腐蚀速度（前提是这种化学能可以促进钢的溶解），也或许能减慢弹簧的腐蚀速度（前提是这种化学能可以阻滞钢的溶解）。究竟哪一种分析更有可能发生？只有做了实验才会知道。

这种实验早就有人做过了。像图73那样，取两个一模一样的玻璃容器，将两根玻璃棒固定在左侧玻璃容器的底部，保证两棒之间的距离是半厘米，然后把一片钢片弯曲，卡入两根玻璃棒之间（见图73左）。拿一片同样的钢片，直接放在右侧的玻璃容器里（见图73右）。先向左侧的玻璃容器注入硫酸，会发现钢片立刻开始溶解，并很快断裂成两段，渐渐地这两段全都被溶解了。需要注意的是，从钢片接触到硫酸直到完全溶解掉，这个过程所用的时间必须认真记录下来。然后在完全相同的条件下，使右侧容器里没有张力的钢片浸入硫酸。实验结果显示，没有张力的钢片被完全溶解的时间较短。

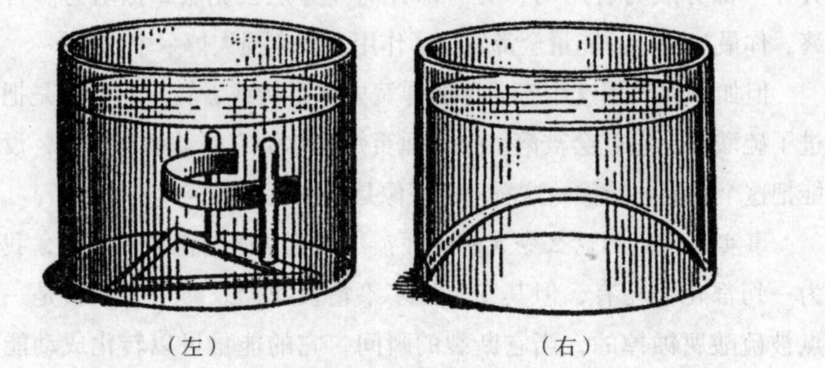

图 73　弯曲弹簧的溶解试验

这说明具有张力的弹簧比没有张力的弹簧更耐腐蚀。这个实验告诉我们，被弯曲的弹簧的能量也被分成了两部分，一部分转化成了化学能，另一部分变成了弹簧断裂开时运动部分的机械能，所以你看，即使钢片被放进硫酸里腐蚀掉，你给予它的能量也没有平白地消失。

我们还可以解答一个类似的问题：把一捆木柴拎上四楼，毫无疑问，它的势能得到了增加。那么当我们在四楼的灶台里将这些木柴点燃的时候，它增加的这部分势能去哪里了呢？

相信读者们只要略加思考就能想通这个问题，木柴充分燃烧后所留下的产物就是由木柴的物质变成的，这些产物在距离地面有一定高度的位置上形成，能比它在地面上形成时具有更大的势能。

第九章

摩擦和介质阻力

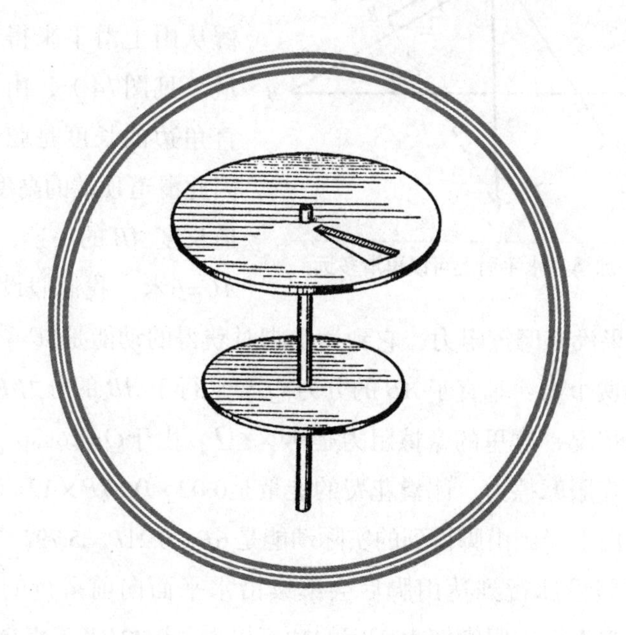

1. 停不下的冰橇

【题目】一个冰橇从冰山滑道上滑下来，到达山脚后继续沿水平面向前滑行，请问它要滑多远才能停下来？滑道斜度30°，长度为12米。

【解题】如果冰橇在冰道上滑行的时候没有摩擦，它会一直滑下去，永远也不会停下来。但一点摩擦都没有是不可能的，只不过很小罢了。冰橇底部的铁条与冰面之间的摩擦系数为0.02，当冰橇在水平面上因为克服摩擦而耗尽了它从山上滑下来时得到的全部能量的时候，自然就会停下来了。

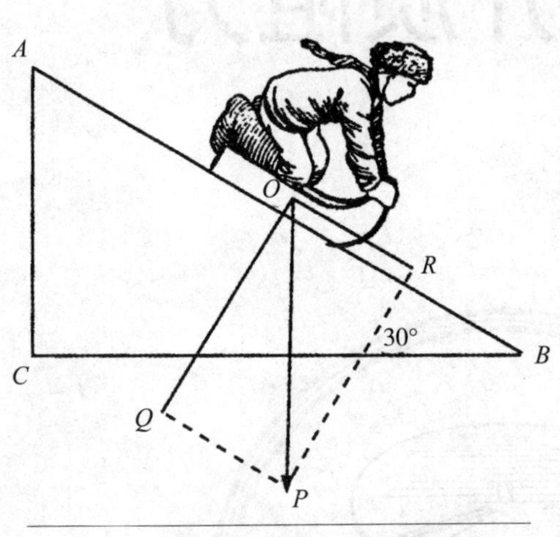

图 74　冰橇在水平面上可以再滑多远

我们有必要计算一下这个路程是多远。先来计算一下冰橇从山上滑下来得到了多少能量（见图74），由于角对应的直角边的长度是弦长的一半，因此滑道顶端的高度 AC 等于滑道长度 AB 的一半，可以计算出 $AC=6$米。我们假设冰橇的重量为 P，如果没有摩擦阻力，它到达山脚时获得的动能是$6P$ 千克米。重力 P 可分为两个力：垂直于 AB 的分力 Q 与平行于 AB 的分力 R。现在来看有摩擦的情况，这里的摩擦阻力是 $0.02\times Q$。由于$Q=\cos30°=0.87\times P$，可见为了克服摩擦力，冰橇花费的能量是$0.02\times0.87P\times12=0.21P$，所以冰橇从冰山上滑到山脚得到的实际动能是 $6P-0.21P=5.79P$ 千克米。

我们假设冰橇到达山脚后会继续沿水平面向前滑行的路程长度为 X，那么它为了克服摩擦力所用的功可以看作$0.02PX$千克米。列方程式$0.02PX=5.79P$，可解得$X\approx290$米。也就是说，它滑到山脚下后会继续在水平滑道上滑行约300米。

2. 关闭发动机

【题目】汽车以72千米/小时的速度行驶，假设运动的阻力是2%，那么如果这个时候将发动机关闭，汽车还能向前走多远?

【解题】这是一个与前面相似的问题，不过本题中汽车的能量要用另外的数据来计算。

汽车动能的公式为$\frac{mv^2}{2}$，其中m为汽车质量，v代表汽车速度。设汽车在发动机关闭后继续走的路程为X，也就是说，能量$\frac{mv^2}{2}$会在路程X上消耗光。

在这段时间里，汽车的阻力是$P\times 2\%=0.02P$，可列出方程式$\frac{mv^2}{2}=0.02PX$。由于汽车重量的公式为$P=mg$（g为重力加速度），所以该方程也可以写为：$\frac{mv^2}{2}=0.02mgX$，解方程可得$X=\frac{25v^2}{2}$。

根据方程的解，可知发动机关闭后，汽车行驶的距离便与其质量没有关系了。我们将已知的数值$v=20$米/秒与$g=9.8$米/秒^{2}代入上式，可以得到这个路程的长度约为1 000米。也就是说，发动机关闭后汽车还可以向前走大约1 000米。

显然，我们得到的这个数字比较大，这是由于空气阻力没有被计算在内，空气的阻力的大小与速度成正比。

3. 不一样大的车轮

大多数马车的前轮既不负责转向任务，又不必置身于车下，却都设计得比后轮小，这是什么原因?严格地说，这个问题应该换一个问法：为什么后轮要比前轮大?

前轮比后轮小是有好处的：前轮小，轴线就低，能使车辕和挽索具有一些倾斜度，这有助于应付糟糕的路况。当车陷进路上的坑洼时，这种结构能帮助马顺利地把车拖出来。

在图75的左图中，当车辕 *AO* 倾斜的时候，马的拉力 *OP* 可以分解成两个力——向上的力 *OR* 和向前的力 *OQ*，负责将车从坑洼里拖出来的是力 *OR*。但如果车辕是平的（见图75右图），就不会有向上的力可以分解出来了，只有向前的力，这样的话把大车从坑洼中救出来难度就比较大了。

我们现在的汽车与自行车都是前后轮一样大的，这是因为现在的道路大多路况较好，没有坑坑洼洼的地方，不必放低前轮轴也一样可以行驶得非常平稳。

图 75　为什么前轮要造得比后轮小

我们再从后轮的角度看一看，为什么后轮做得比较大呢？因为对于滚动的物体来说，它的摩擦力与半径成反比，半径越大，摩擦力越小，所以大轮子比小轮子受到的摩擦小。现在你应该知道，马车的后轮做得大一些也是合理的。

4. 能量的去处

机车和轮船把自己的能量用于自身的运动，这是按照力学“常识”总结出来的。但事实上这个说法并不准确，机车的能量并没有完全用于自身运动，它只在最早的$\frac{1}{4}$分钟的时间里用了一些能量启动自己，并带动整列火车起动，但也只有这$\frac{1}{4}$分钟而已，接下来的时间它的其他能量就全部忙于克服摩擦力和空气的阻力了（仅限于在水平道路上的行驶）。

比如电车，它的电能几乎全部都用于加热城市的空气了，因为它的大部分电能都用于克服摩擦与阻力，而用于克服摩擦的功转为了热能。假如没有影响火车速度的阻力，那么火车只需要用10秒～20秒的时间就可以使自己运行起来，然后就会在惯性的作用下沿水平线一直跑下去了，根本不需要消耗什么能量。

我们前面曾经提到过，进行匀速运动不需要力的参与，因此也不会消耗能量，如果产生了力量的消耗，必定是用于克服运动的阻力了。

轮船用大功率的机器来克服水的阻力，它在水中遇到的阻力可比机车在陆地上遇到的阻力大多了。不仅如此，这个阻力与速度的平方成正比，所以速度越快，阻力也越大。水上交通工具的速度没办法与陆地交通工具的速度相比，也是出于这个原因[1]。

一位划艇手使它的小艇速度达到6千米/小时简直太容易了，但如果想再增加1千米/小时，那就必须竭尽全力。在参加比赛的时候，想使一只轻便的赛艇的速度达到20千米/小时，得有八名技术一流的划艇手全力配合奋力划桨才能做到。

此外，水的携带能力同样与速度成正比，速度越大，携带能力也就越大。在下面这道题里，我们举一个这方面的例子。

5. 顺水而走的石头

河水在冲刷河岸的过程中，不仅能将河底的泥沙碎块带到河床边，就连河底的石头也能推走。河底的石头往往块头很大，水是怎么把它们带走的呢?·当然，要施展这个“威力”也要看是哪条河里的水，不是所

---

[1] 滑行艇的速度不被包括在内，这种船是在水的表面上滑行的，并不浸到水里，水对它的阻力非常小，因此它的速度也就特别快。

有的河水都有这个力气的。平原上的河水流速慢，最多不过是带走一些细沙。不过，只要水的流速增加，河水的能力就会大很多。如果河水的流速增加到一倍那么多，就可以把大块的卵石带走了。山涧的急流流速又要增加一倍（见图76），冲走大于1 000克的大石头也不是问题，怎样解释这个现象呢?

图 76　山涧急流使石块滚动

流体力学中有一个“艾里定律”，这个定律可以证明，当水的流速增加 n 倍时，水流可带动的物体的重量就会增加到 n^6倍。

自然界中罕见的六次方比例出现在这里，不免让人觉得好奇，这个比例是怎么来的呢?

我们假设河底有一块边长为 a 的立方体石块（见图77）。河水流动过程中，水流的压力 F 作用于石块侧面 S，想要使石块以边 AB 为轴向前滚。但与此同时，石块在水中的重力 P 向它施加了反作用，阻碍石块做翻转运动。水流与石块陷入了僵持状态，石块怎样才能被水流成功翻转呢？根据力学定律，当力 P 与力 F 对轴 AB 的力矩相等时，石块才能保持平衡。某个力和它本身与轴之间的距离的积就是力对轴的力矩，力 F 的力矩是 Fb，力 P 的力矩就是 Pc。由于 $b=c=\frac{a}{2}$，所以只有当

$F\times(\frac{a}{2})\leqslant P\times(\frac{a}{2})$的时候，或者说当$F\leqslant P$的时候，石块才能保持平衡。接下来我们要使用公式$Ft=mv$，其中力作用的时间为$t$，$t$秒钟内作用于石块的水的质量为$m$，水流的速度为$v$。

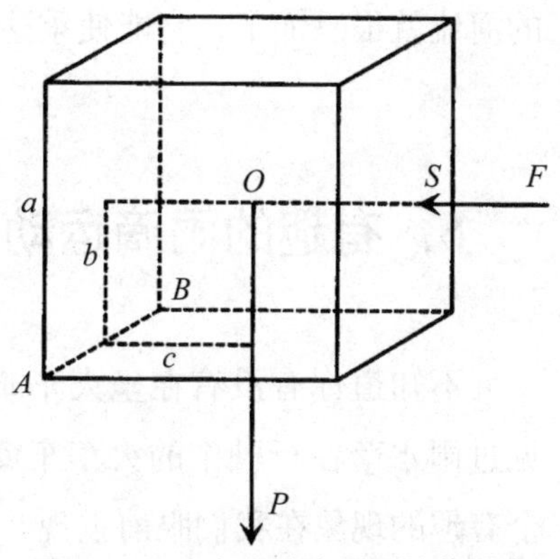

图 77　石块在水流中受到的作用力

根据流体动力学的定律，水流施加于与水流方向垂直的平面上的总压力与平面面积成正比，与水流速度的平方成反比。用公式表示为：$F=ka^2v^2$。从石块的体积a^3与其比重d的乘积中减掉同样体积的水的重量，就等于石块在水中的重量（阿基米德定律），用公式表示为：

$$P=a^3d-a^3=a^3(d-1)$$

因此可以将$F\leqslant P$变换为$ka^2v^2\leqslant a^3(d-1)$，可推出$a\geqslant\frac{kv^2}{d-1}$。

我们知道，能与速度为v的水流抗衡的石块，它的边长要与水流速度的二次方成正比，而石块的重量与它的边长a的三次方成正比即$(v^2)^3=v^6$。六次方就是这样出现的，被水流冲走的石块的重量与水流速度的六次方成正比。

这就是艾里定律，我们借助于一块正方体的石头证明了这一定律。不过这并不能说明只有借助立方体才能做这个证明，其实用别的形状的物体证明也是一样的，最终的结论之间差别不大，并且每种结果都足以说明问题，而现代流体力学还有很多更加有说服力的论证。

我们再来更加形象地对这一定律进行一下理解。假设有三条河流，河流2的流速是河流1的两倍，河流3的流速是河流2的两倍，或者说，这三条河流的流速之比是1：2：4。那么根据艾里定律，这三条河流能带走的石块重量之比是$1:2^6:4^6$，即1：64：4 096。根据这个比值，我们可以总结出：如果流速比较平缓的河流能带走$\frac{1}{4}$克的细沙粒，那么流速相当于它的两倍的河流就可以带走16克重的沙石，而流速相当于它的四倍的河流就很恐怖了，它能使重达几千克的大石块翻滚着跟它走。

6. 有趣的雨滴运动

不知道你有没有在坐火车时遇到下雨的经历，如果有的话，你一定见过雨水落在行驶中的火车车窗上形成的一条条倾斜的雨线，图78使这个有趣的现象在我们眼前重现。

由于雨滴在下落到车窗上的同时还参与了火车的运动，所以发生在我们眼前的其实是两个按照平行四边形的规则运动的合成运动（见图78）。注意，这个合成运动是直线的运动，构成它的两个运动之一的火车运动是匀速进行的。而力学定律也告诉我们，在这种情况下，它的伙伴，也就是构成这个合成运动的另外一个运动——雨滴下落的运动，也应该是匀速的。物体下落的运动居然是匀速运动，这个结论的确令人吃惊。如果它不是匀速的，而是加速度的，或者说如果雨水下落运动是匀加速的，它应该形成抛物线，那么车窗上的雨线应该是曲线。而事实是，车窗上那些雨线是斜线！斜的直线！只有匀速运动才会出现的直线！

图 78　车窗上雨水形成的斜线

所以雨滴的下落和石块的下落不一样，它不是加速落下，而是匀速落下的，原因是加速而产生的雨滴的重量被空气阻力完全平衡了。

如果空气不能做到这一点，不能对雨滴形成阻力，那我们简直就要生活在恐惧之中了。如果那样的话，积雨云就会经常在离地面1 000米～2 000米的高空聚集着，这就会使我们的头上随时有雨水落下来。可怕的是，雨滴从2 000米的高空毫无阻力地落下来，它的速度可以达到：

$$v=\sqrt{2gh}=\sqrt{(2\times9.8\times2\,000)}\approx200\text{米/秒}$$

这是什么？这是手枪子弹的速度！就算只是水，不是子弹，就算它的动能只有子弹的十分之一，但时不时地就被这种雨滴密集扫射，想想也是非常恐怖的。

那么事实上雨滴下落的速度是怎样的呢？接下来我们就研究一下这个问题，不过在这之前还是要先说明雨滴匀速运动的原因。

物体下落的时候受到的空气阻力在整个下落过程中并不是总相等的，空气的阻力随下落的速度的增加而加大。最初下落时速度极慢[1]，受到的阻力小到可以完全忽视。接下来，速度加快了，空气阻力也相应增加[2]。这个时候，物体还是做加速度运动，但这个加速度比之前自由下落的时候小。再接下来，加速度越来越小，一直小到零。从加速度变成零的那一刻开始，物体的运动就变成匀速运动了。由于速度停止了增加，所以阻力也停止了增加，这使匀速运动得以保持，不会再变成加速运动，当然也不会再变成减速运动。

因此，在空气中下落的物体会从下落后的某一个时刻开始做匀速运动，只不过雨滴的这一时刻来得比较早。经过测量，我们发现雨滴落下来的末速度特别小，越细小的雨滴末速度越小。这里有几个数据：重量为0.03毫克的雨滴的末速度为1.7米/秒，重量为20毫克的雨滴的末速度为

[1] 比如在最初的十分之一秒内，自由落体只下降了5厘米。

[2] 当下落的速度从每秒几米增加到每秒200米的时候，空气阻力的增加与下落速度的平方成正比。

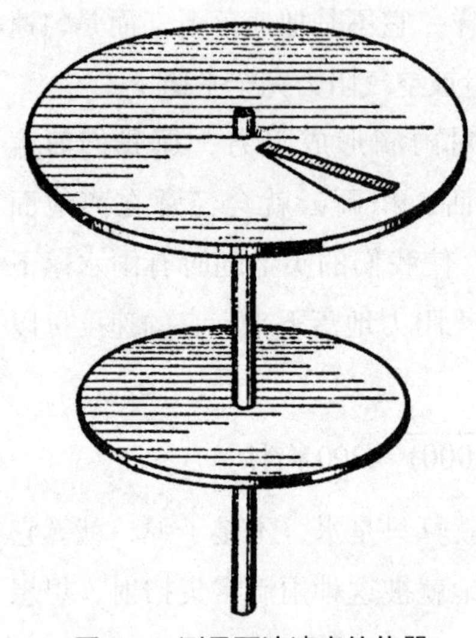

图 79　测量雨滴速度的仪器

7米/秒，最大的雨滴重量为200毫克，它的末速度也只不过是8米/秒。这是目前发现的雨滴的最快速度了。

测量雨滴的仪器非常巧妙。如图79所示，将两个圆盘——其中的一个圆盘开有一个狭窄的扇形缝隙，另外一个铺着吸墨纸，将它们一上一下固定在一根垂直轴上。下雨的时候，在雨伞的保护下，将这个仪器放到室外，然后将它快速地旋转起来。做好这一切后，将雨伞移开，天上落下的雨滴将会从上面圆盘的缝隙处落入下面的圆盘上。由于仪器处于旋转状态中，当雨滴从上盘的缝隙落入下盘时，圆盘已经转了一定的角度，所以雨滴落在下面圆盘上的位置并不是上面圆盘缝隙的正下方，要比正下方对应的位置略靠后。

我们假设这个位置与缝隙正下方的位置之间的距离是圆盘周长的$\frac{1}{20}$，圆盘的转速是20转/分钟，上下两个圆盘之间的距离是40厘米（0.4米），那么雨滴下落的速度就很容易计算了。雨滴走过0.4米所用的时间与圆盘转$\frac{1}{20}$周的时间相等，这个时间是$\frac{1}{20}:\frac{20}{60}=0.15$秒，则雨滴下落的速度是$\frac{0.4}{0.15}=2.6$米/秒。用这个方法来计算子弹的速度也没问题。

雨滴的重量也可以计算出来，计算依据就是雨滴在吸墨纸上浸湿的面积，不过这需要在实验前测定出每平方厘米的吸墨纸能吸收的水的重量。下面的表格列出了雨滴的重量与它的下落速度之间的关系，可为大家提供一些基本的参考数据：

雨滴重量 / 毫克	0.03	0.05	0.07	0.1	0.25	3	12.4	20
半径 / 毫米	0.2	0.23	0.26	0.29	0.39	0.9	1.4	1.7
下落速度米 / 米 · 秒$^{-1}$	1.7	2	2.3	2.6	3.3	5.6	6.9	7.1

冰雹的密度比雨滴小，但下落的速度比雨滴快得多，原因在于冰雹的颗粒大。但即便如此，冰雹在下落的过程中接近地面时也是匀速的。

就算从飞机上往地面投榴霰弹，这些小铅弹在到达地面时的速度也是没有发生变化的，同样会匀速下落，并且速度还特别慢，所以几乎不构成威胁，甚至连柔软的帽子都击不穿。

但如果从同样的高度投下一支铁箭可就麻烦大了，它如果落在人的身上，会把人的身体穿透，其原因就在于每平方厘米的箭尖截面上得到的质量要比铅弹大得多。用炮手们的话说，箭的截面负载比子弹大，所以它克服空气阻力的能力更强。

7. 下落之谜

物体下落几乎是最常见的现象了，但它让我们感受到了习惯性概念与科学概念之间存在的巨大分歧。对力学知识不太了解的人，会想当然地认为重的物体要比轻的物体拥有更快的下落速度。

这个观点最早是由亚里士多德提出来的，尽管在几个世纪的时间里，人们对这个观点的认识都存在分歧，但一直到17世纪才有人站出来正式推翻了它，这个人就是现代物理学奠基人伽利略。

作为一名伟大的自然科学家，伽利略为科学普及做了大量的工作，他无比睿智地说：

根本用不着做实验，我们只需做出简单且极具说服力的推论就能证明，认为同种物质构成的物体当中，较重的物体会比较轻的物体下落速度更快的观点并不正确……比如有两个自然速度不同的物体下落，如果将它们连接起来，原本下落速度快的物体的运动会受到阻碍，而下落速度慢的物体的速度却略有提高。如果真的会这样，我们假设一个速度单位“度”，并假设一块大石头的下落速度是8“度”，一块小石头的下落速度是4“度”，那么当两块石头被绑在一起时，应该得到小于8“度”

的速度。但实际上这两块石头合在一起之后，成了一个比原来速度为8“度”时体积更大的物体。这无疑意味着较重的物体的运动速度要慢于较轻的物体，但这与我们上面的假设是相反的。通过这个推导的过程，我从“较重物体比较轻物体运动更快”这个观点中推出了另一个截然不同的结论：较重物体比较轻物体的运动速度慢。

我想读者们已经清楚地知道，所有物体在真空中的下落速度都相等，但在空气中的下落速度却不同——这是因为空气中有空气阻力的存在，因此产生了一种推论：既然与空气阻力有关的只有物体的大小和形状，那么对两个大小和形状都相等，只是重量不相等的物体来说，它们下落的速度应该是相等的。它们不仅在真空中有相等的运动速度，在空气中因空气阻力而减少的速度也应该相等。这意味着，直径相同的木球和铁球下落的速度应该相等。这个推论看上去有理有据，但结论显然与实际不符。

于是理论与实践之间的分歧产生了，那么该怎样解决这个分歧呢？

解决这个问题，有必要借用第一章的“风洞”来帮忙。这次我们把风洞竖起来用，将两个同样大的球——木球和铁球悬挂在工作舱里，并使它们静止不动。让风从下端吹上来，在风洞中形成空气流。这个实验观察的不是哪个球先下落，而是哪个先被风吹得向上运动。结果很明显，虽然作用于两个球的力相等，但它们得到的加速度却不一样，根据公式，较轻的木球得到的加速度比较大。现在我们将视角“颠倒”回去，还是继续研究向下落的问题，会发现较轻的木球在下落的时候会落在较重的铁球后面，这证明铁球在空气里比相同体积不同物质的木球下落得更快。我们在前面小节提到了炮手们所说的“截面负载”，其实刚刚分析的这些也帮我们弄明白了所谓的“截面负载”就是炮弹受到空气阻力后每平方厘米面积上得到的质量。

再来举一个大多数读者都应该有亲身体会的例子。闲暇的时候站在高处往低处扔石子，你应该有过这样的经历吧？不知你当时有没有注意到，大石子总是比小石子飞得远。为什么会这样呢？因为大石子和小石子在空中遇到的阻力相等，但大石子的动能比较大，所以比较容易克服所遇到的空气阻力，而小石子却不行，同样的阻力足以影响它的运动。

在计算人造卫星使用寿命的时候需要非常重视截面负载的大小。在其他条件相同的前提下，人造卫星每平方米截面积上平均得到的质量越大，空气阻力对它的运动的影响就越小，那么它在环地球飞行的轨道上运行的时间就越久。例如，苏联第三颗人造卫星与第二颗人造卫星的轨道差不多，但第三颗围绕地球运行的时间比第二颗的时间长很多。

当人造地球卫星进入轨道后，它会脱离最后一级运载火箭，脱离后，最后一级运载火箭就会以独立的人造卫星的身份绕地球运行。尽管它们在脱离后有相同的运行轨道，但相对来讲，最后一级运载火箭绕地球运动的时间一定不如载有各种仪器的真正的人造卫星运行的时间长。这是由于，与卫星脱离时，负责将它送入轨道的运载火箭的燃料也已经用尽了，所以空载的火箭的截面负载一定比装满各种仪器的人造卫星小。

大多数人造地球卫星在轨道中绕地球飞行的时候，它的截面负载并不是始终不变的。由于卫星在运行的过程中不可能保持固定不变的姿势，所以它垂直于运行方向的截面积经常在不断变化，截面负载当然也会相应地不断变化。截面负载始终不变的卫星是球形卫星，它特别适合帮助人们对高空的大气密度进行研究。值得一提的是，苏联的第一颗人造卫星就是球形卫星。

8. 船比水快

物体从河面上顺水而下与在空气中下落的情况极为相似，对于这一点，恐怕很多读者会感到意外。人们在意识里一般会觉得，没人划桨也没挂船帆的小船在河上顺水漂流的时候，它运动的速度一定就是水流的速度，但这又是个错误的观点。

小船的速度会比水流的速度快，快多少呢？这取决于它的重量，越重的船速度越快。对于这个结论，有经验的木筏上的工人都会认同，因为他们非常熟悉这种现象。但是很遗憾，很多学习物理学专业的人对此却一无所知，说实话，就连我自己也才知道没多久。

我们还是来仔细地研究一下这件怪事儿吧。

对于一些人来说，这个观点乍一看的确不太好理解。小船顺着水流而下，速度怎么会比浮载着它的水流还快呢？其实，河水的水面都是倾斜的，小船顺流而下，相当于物体在斜面上加速下滑。

但水不一样，水流受河床摩擦力的影响一直在做着一定的匀速运动，所以说，一定会有某一个瞬间，小船在加速下滑的过程中超过了水的流速。但也就是从这个瞬间开始，就像空气会对空气中下落的物体产生阻力一样，河水也会开始对小船的运动产生制约，其结果当然也像空气中下落的物体一样，运动着的小船获得了一个末速度，然后这个速度就再也不会改变，小船就一直做匀速运动了。

不过，顺水漂流的不论是小船还是别的什么，重量越轻，这个末速度就来得越早，末速度的数值也就越小。而越沉重，末速度就来得越晚，末速度的数值也就越大。

从河里漂流的小船上掉下来的船桨肯定会落在小船后面，原因是小船比船桨沉得多。小船、船桨、水流三者比赛，小船和船桨一定都比水流跑得快，但沉重的小船一定比船桨更快。这种说法并没有错，越是在水流湍急的河上，这种现象就越明显。

我们可以从一位旅行家的描述中更清楚地感受这种现象：

我加入了赴阿尔泰山区旅行的队伍。有一次，我们乘着木筏沿比耶河顺流而下，从河的发源地捷列茨科湖到比耶斯克城去，一共用了五天的时间。出发前有人问木筏上的工人：“木筏上载这么多人，会不会超载？”

“不会的，这样更好，我们能跑得更快些。”那位老人这样回答他。

“难道我们和水流的速度不一样吗？”我们感到惊讶极了。

“我们比水流快，木筏越重跑得越快。”他回答。

我们全都持怀疑态度。于是老人让我们准备一些木片，等木筏开动了就扔进水里。我们照他说的做了，并亲眼看到木片很快就落到了我们后面。

乘木筏时，老人的话像真理一样在实践中得到了最有效的验证。

在一个地方，我们落入了旋涡。刚被困住的时候，一个木槌从木筏上掉进了水里，很快就漂到旋涡外面的河面上去了。

“没事儿，我们比它重，能追上它。”老人若无其事地说。

我们在旋涡里耽搁了很久才摆脱出去，但老人的预言再一次实现了。

在另外的一个地方，我们看到了一个空木筏，它上面没有人，所以比我们的木筏轻，我们很快追上了它，并且超过了它。

9. 船舵

一个小小的舵可以操纵着巨大的船只出海远航，它怎么会有这么大的威力?

假设有一只船正在发动机的作用下向箭头所示的方向运动（见图80）。当我们研究船体和水流的相对运动时，把船看作静止的，这时水流的运动方向与船前进的方向相反。水压向舵 A 所用的力是 P，力 P 使船绕重心 C 转动。船与水的相对速度越大，舵起到的作用就越大。如果船相对于水来说是静止的，那么舵就不起作用了。

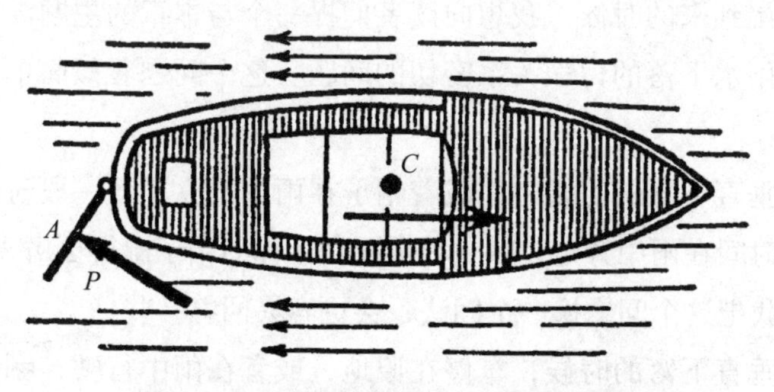

图 80　用发动机驱动的船，舵安装在船尾

伏尔加河上曾有一种操控大型平底船的巧方法，这种用来运木头的大平底船不靠动力，是自己顺水漂流的。如图81所示，它的舵 *A* 装在船头的位置上，当船需要转弯的时候，就将一条系着重物 *B* 的长索抛进水里，有了这个重物坠在下面拖着，大船就可以操控了。这是由于装满木材的平底船比河水的速度慢，船的运动方向与河水和船的相对运动方向相同，所以河水对舵所产生的压力的方向，就与那些船上装有发动机或船运动得比水流快的情况相反。

这个聪明的设计来自于劳动人民。

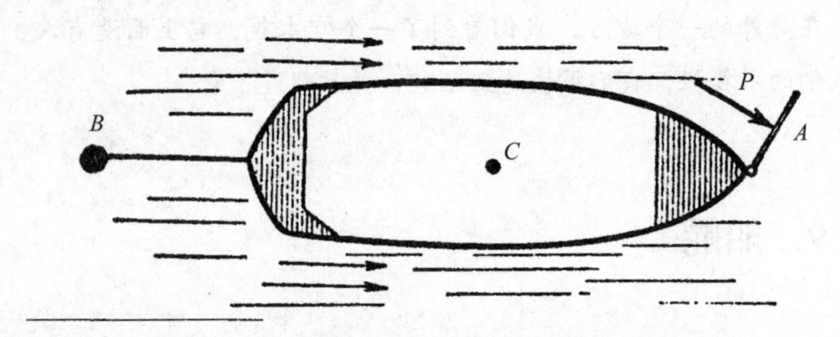

图 81　当船的速度比水流速度慢的时候，舵必须安装在船头

10. 淋得更湿

【题目】我们在这一章里探讨了很多与雨滴下落有关的话题，在这一章的结尾到来的时候，我想向读者们提一个与本章的主题没有直接关系，但与雨水下落的力学关系密切的问题。这个问题看似简单，但却非常有意义：

雨水垂直下落的时候，你戴着帽子在雨中站立不动一段时间，或者用同样的时间在雨中奔走，哪一种情况会让你的帽子湿得更厉害？

如果我把这个问题换一个问法，会更容易回答一些：

雨水垂直下落的时候，车停在原地，或者在雨中行驶，哪一种情况下，每秒钟落到车顶的雨水更多？

我曾向很多研究物理学的专业人士提过这个问题，当然是用这两种不同的形式，但得到的答案却不一样。有的人建议还是在雨中安静地站着好，他们认为这样能保护帽子，但有的人却建议要尽可能地快速奔跑。

哪一种是正确的呢?

【解题】我们先来研究雨水落在车顶上的问题。

当车在雨中静止的时候，每秒钟下落的雨水是以雨滴的形式落在车顶上的，它们合在一起有着直棱柱体一样的形状，车顶是它的底，竖直落下的速度 V 就是它的高（图82）。

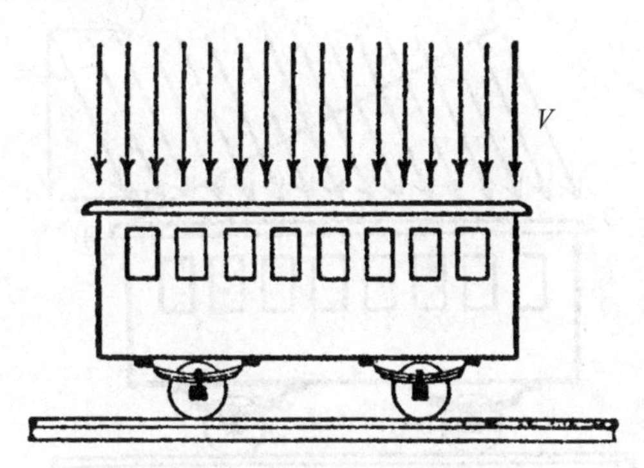

图 82　雨水垂直落在静止的车顶上

计算落在行驶中的车顶上的雨量就有些难度了，我们假设车厢的移动速度是 C，相对地面来说，雨滴落下来的方向与车厢运动的方向相反，但二者的速度相等。如果将车厢看作静止的，那么雨滴相对静止的车厢就做着两种运动，一种是以速度 V 垂直下落，一种是以速度 C 向与车厢运动相反的方向做水平运动，它们的合成速度 V_1的方向与车厢的顶部形成倾斜角，就好像车厢静止在倾斜落下的雨水里一样（见图83）。

现在的情况已经很明显。如图84所示，一个倾斜着的棱柱体内包含着每秒钟内落在运动着的车顶上的全部雨滴，无论是它的底还是车厢顶，它的每条侧棱与垂直线之间都有夹角 α，长度是 V_1，它的高是 $V_1 \cos\alpha = V$。

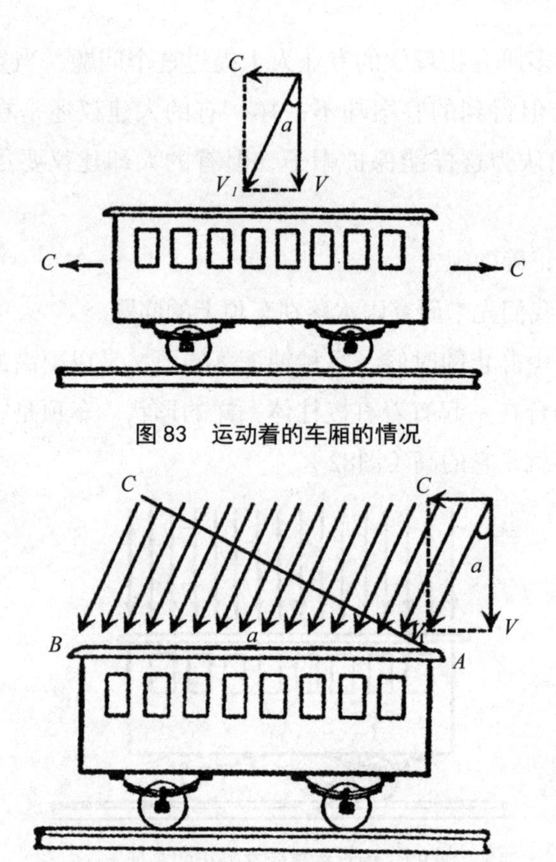

图 83　运动着的车厢的情况

图 84　落在运动的车顶上的雨水

我们一共提到了两个棱柱体，一个是雨滴垂直落下时的直棱柱体，一个是雨滴倾斜落下时的斜棱柱体。它们的底相同（都是车顶），高相等，所以它们的体积是相等的。这意味着，在相等的时间内，无论是人还是车，无论是在雨中站立不动半个小时，还是在雨中狂奔半个小时，你的帽子被雨水淋湿的程度应该是没有什么差别的。

第十章

生物界中的力学

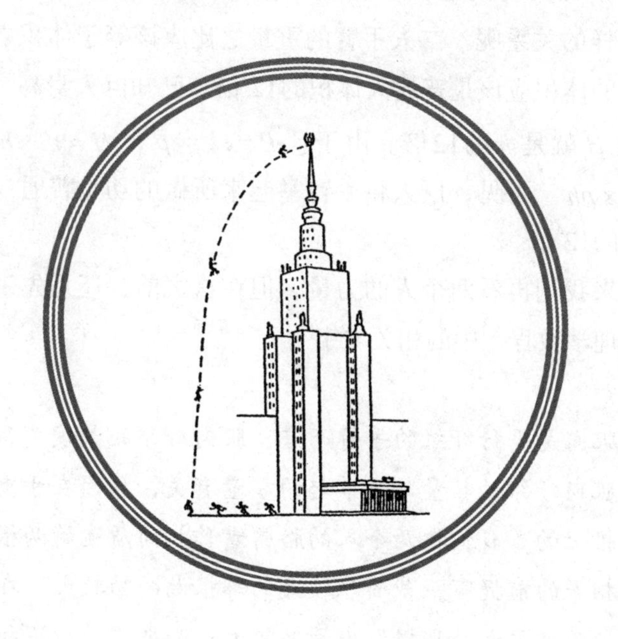

1. 斯威夫特的笨巨人

斯威夫特在《格列佛游记》中提到了巨人国，说巨人国里的巨人们的身高是我们普通人的12倍。你在读到这个内容的时候会不会觉得巨人的力量也是我们普通人的12倍？这么想也很正常，你看就连作者也将这些巨人们描写成力大无穷的样子。不过这种看法是不符合力学原理的，因为如果真的有身高相当于正常人身高12倍的巨人，那么他们的力量不仅不可能是我们的12倍，甚至都不比我们更强壮。

我们不妨来进行一些计算。假设格列佛与巨人并排站在一起，同时将右手向上举起。我们假设格列佛的手臂重量为 p，巨人的手臂重量为 P，二人将右手举起后，格列佛的手臂重心高度为 h，巨人的为 H。那么格列佛所做的功就是 ph，巨人所做的功是 PH。究竟 ph 与 PH 之间有着什么样的关系呢？二人手臂的重量之比应该等于体积之比，也就是说，巨人的体积应该是普通人体积的12^3倍。已知巨人身高是普通人的12倍，所以 H 就是 h 的12倍。由于：$P=12^3\times p$，$H=12\times h$，可计算出 $PH=12^4\times ph$。可见，巨人将手臂举起来所做的功是普通人做同样动作所用的功的12^4倍。

接下来我们再看两个人的力量，但在这之前，还是先来看一看福斯特的《生理学教程》中的相关文字[1]：

对于肌肉是平行纤维的手臂而言，肌肉纤维的长度关系到手臂举起的高度，肌肉纤维的数量与可举起的重量有关，原因在于重量是分布在每一条纤维上的。我们把两个人的胳膊看作相同质地的两根肌肉条，那么在长度相等的前提下，截面积较大的那根做的功较大，在截面积相等的前提下，长度更大的那根做出的功较大。如果截面积不相等，长度也不相等，那么体积较大的那根做出的功较大。

[1] 福斯特的《生理学教程》。

将这段话作为依据来进行我们的计算无疑是非常适用的。我们可以根据这段话得出这样的结论：两人的做功能力之间的比值等于他们肌肉的体积之比，所以巨人的做功能力是格列佛的12^3倍。接下来我们将格列佛的做功能力写为w，将巨人的做功能力写为W，可以得到公式$W=12^3w$。

总结我们得到的全部计算结果，巨人举起右手所做的功是格列佛的12^4倍，但他的工作能力却只是格列佛的12^3倍，这意味着，巨人在做抬手动作的时候，要比格列佛困难12倍。我们可以认为，巨人要比格列佛弱12倍，所以说，如果我们想要战胜一个巨人，并不需要1 728（即12^3）个普通人，只要144个就足够了。

如果斯威夫特的本意是想让巨人像我们一样行动自如，那他的肌肉体积必须是按照与正常人的比例计算出来的体积的12倍才行。但如果是这样的话，巨人肌肉的粗细就必须是按比例计算出的粗细的$\sqrt{12}$（约3.5）倍。这就很可怕了。想要支撑住那么粗大的肌肉，巨人的骨骼也得相应地更粗才行。斯威夫特哪里能够料到，他想象出的巨人拥有这样的重量，以及如此笨拙的动作，这哪里是巨人，这根本就是河马嘛！

2. 河马为什么那么笨

我并不是偶然想起河马的，事实的确像我们在上一节分析过的一样，身躯庞大却行动矫健的生物在自然界中不可能存在。我们可以试着将身长4米的河马与身长15厘米的小型旅鼠进行一下比较，之所以选择这两种动物，原因是它们的外形大致相同。

但就像我们知道的那样，相似体形但大小不同的动物不可能同样强壮或者同样动作灵活。如果河马的肌肉与旅鼠的肌肉在几何外形上相似的话，那么旅鼠就一定比河马强壮$\frac{400}{15}\approx27$倍。但是如果河马真的像旅鼠那样行动灵活呢？首先它的肌肉体积得是按二者比例计算出来的体积的27倍。或者说，它的肌肉的粗细必须加大到$\sqrt{27}$倍，也就是5倍多。那么相应的，骨骼也要加粗到足以支撑那么粗的肌肉才行。现在你应该明白为什么河马的体型那样粗大笨重，并且骨骼也那么粗壮了吧。

下面这个表格为我们展示了不同动物的骨骼重量在体重中所占的比例，它向我们证明了一个在动物世界普遍存在的真理：动物身材越大，骨骼在体重中所占的比例也越大。

哺乳类动物	骨骼重占比 /%	鸟类	骨骼重占比 /%
鼩鼱	8	戴菊鸟	7
家鼠	8.5	家鸡	12
家兔	9	鹅	13.5
猫	11.5		
狗（中等体形）	14		
人	18		

图85将河马的骨骼缩小到与旅鼠相同的尺寸，将二者放在一起进行对比，我们立刻就能看出河马的骨骼存在不成比例的现象，比较直观地向我们展示了这里所讨论的话题。

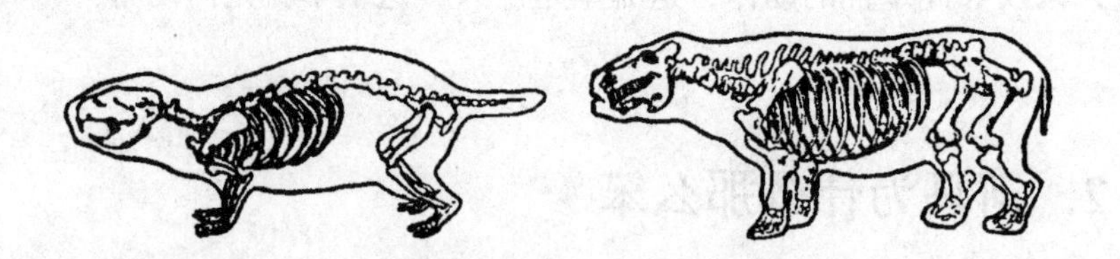

图 85　河马的骨骼（右）与旅鼠的骨骼（左）比较

3. 陆地生物的构造特点

动物的四肢的工作能力与其四肢长度的三次方成比例，动物用来控制四肢所需要的功与其四肢长度的四次方成比例。这是一个简单的力学定律，可以解释陆地生物在构造上的许多特点，比如动物的身体越庞大，它的四肢（脚、翼、触角）就越短小。

陆地生物中拥有较长四肢的都是身材极小的动物，比如盲蜘蛛。当然，力学定律并不否定有些动物的外形与盲蜘蛛相似，但前提是它们的身体要非常小，至少不能大到像狐狸那样，否则不可能有类似的外形。因为如果身体有那么大或者比那还要大，长长的脚不仅支撑不住身体的重量，还会失去功能。如果你想要看到长长的四肢且身体庞大的动物，只能去海洋里找，因为水的排斥作用会平衡动物身体的重量，比如深水蟹，它有半米的庞大身躯和3米长的腿。

这个定律在一些动物的发育过程中也存在。有些动物发育成熟后，它的四肢会比胎儿时期短。为了建立起肌肉和运动所需要的功之间应有的对应关系，它们的身体的发育程度会超过四肢的发育程度。

伽利略的《两种新科学的对话》奠定了力学的基础。作为最早研究这些有趣的力学现象的人，他在这本书里提及了身体庞大的动物和植物，以及巨人和海洋生物的骨骼，还有水生动物可能有的身躯大小等问题，我们在这本书的末尾会专门提到这些内容。

4. 巨兽注定会灭绝

力学定律无疑为动物身体的尺寸规定了界限，要想使动物的绝对力量增加，使它的身体更庞大，只有两种可能，一种是使行动灵活性降低，一种是使它的骨骼和肌肉不成比例地增大，使它看起来像是一只怪物，无论是哪种情况，都会影响到它的生存。因为身体的变大首先就会带来食量的增大，而行动灵活性差会使它的捕食能力下降，所以，如果某种动物的身体大到了一定的程度，它们对食物的需求就会超过捕食能力，那么这个物种就会面临灭绝的危险。这并非耸人听闻，我们非常了解的是：许多活跃于古老地质年代的巨大的动物接连绝种（见图86），退出了生物生存的舞台。大自然塑造出数不胜数的巨兽，但直到今天依然存在于自然界的已经寥寥无几。那些巨大的动物，比如巨大的爬行动物，大多生存能力较弱。导致远古时代的巨大动物灭绝的原因有很多，但我们这条力学定律所给出的是最主要的原因之一。当然，鲸不能算在内，鲸是在水中生活的动物，水的压力平衡了它的体重，所以我们刚刚所提到的那些并不适用于它。

图 86　将古代的巨兽搬到现代都市的大街上

很多人都会问一个问题：既然过于庞大的身体会威胁到动物的生存，那为什么动物没有在进化的过程中逐渐缩小身体呢？其实体形庞大也不是一无是处，尽管身体庞大的动物不如身材矮小的动物灵活，但它毕竟比矮小的动物更强壮有力。我们再次回过头来看《格列佛游记》中的巨人，尽管他们举起一只手都要比格列佛困难12倍，但他们能举起的重量是格列佛的1 728倍。巨人的肌肉能承受的重量是多少？用这个值除以12就可以计算出来了。计算结果相当于格列佛的144倍，所以说，凡事都有优势，体形庞大的动物在与身材小的动物争斗的时候有非常大的优势，但在其他的方面（比如在获取食物等方面）常常深受其身体庞大的拖累。

5. 人与跳蚤比跳跃

跳蚤能跳40厘米高，相当于它身长的100多倍，这着实让很多人感到惊讶。常有人说，如果人能跳出比自己身高高100倍的高度（比如

1.7米×100=170米），才算能和跳蚤较量（见图87）。

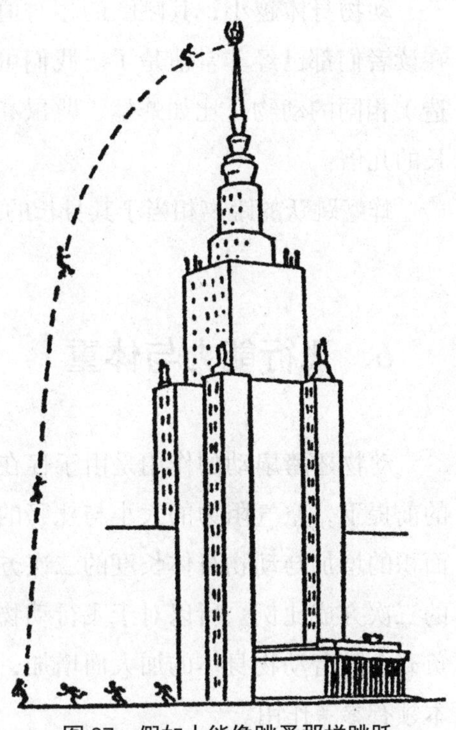

图 87　假如人能像跳蚤那样跳跃

好在力学计算保护了人类的声誉。为了更方便计算，我们假设跳蚤与人的身体形态相似。对于一只体重为p千克、能跳h米高的跳蚤来说，它每跳一次所做的功是ph千克米。而对于一个体重为P千克、能跳H米高（确切地说是身体重心升起的高度是H米）的人来说，每跳一次所做的功是PH千克米。正常人的身体的长度约为跳蚤身体长度的300倍，所以人的体重就可以看作300^3p，人跳起所做的功就是$300^3 pH$，这相当于跳蚤所做的功的$300^3\times\frac{H}{h}$倍。我们可以认为，人的做功能力是跳蚤的300^3倍，所以我们有权主张自己付出的能相当于跳蚤的300^3倍。这样一来，则等式$\frac{人做的功}{跳蚤做的功}=300^3$成立。根据$300^3\times\frac{H}{h}=300^3$，可得出$H=h$。

现在你看，即便人跳的高度（或者说将重心提高的高度）与跳蚤一样高，都是40厘米，人的跳跃能力也不输跳蚤。可人跳这个高度是毫不费力的，跳蚤却要竭尽全力，所以说人的跳跃本领完全不比跳蚤逊色。

当然，你有可能会认为这个计算的说服力有些不足，但你要知道，跳蚤跳40厘米时提升的重量只是自己那不值一提的体重，而人跳40厘米时提升的重量却相当于跳蚤的300^3倍，也就是27 000 000倍！换句话说，人跳起时所提升的重量，得由2 700万只跳蚤同时起跳才能提升得动。由2 700万只跳蚤组成的大军才有资格与一个人对阵，其结果仍然是人会赢，因为人能跳的高度远不止40厘米。

动物身体越小，其跳跃的相对值就越大，这个结论中的道理我想现在读者们都已经非常清楚了。我们可以选几种跳跃功能（这里指后肢构造）相同的动物，比如蚱蜢、跳鼠和袋鼠，来看看它们跳跃的距离是身长的几倍：

蚱蜢跳跃的距离相当于其身长的30倍，跳鼠是15倍，袋鼠是5倍。

6. 飞行能力与体重

动物翅膀扇动的作用是由于存在的空气阻力而产生的，在速度相等的前提下，空气阻力的大小与翅膀的面积有关。动物身体增大时，翅膀面积的增加与动物身体长度的二次方成比例，而体重的提升与动物身长的三次方成比例。所以对于飞行动物来说，每平方厘米翅膀上所承受的负载会随着动物身体的加大而增加，记住这些对于正确比较飞行动物的本领有参考作用。

《格列佛游记》中，巨人国的巨型老鹰的每平方厘米的翅膀上能够承受的负载是普通老鹰的12倍，而小人国的迷你老鹰每平方厘米的翅膀上能够承受的负载是普通老鹰的$\frac{1}{12}$。与小人国的迷你老鹰比起来，巨人国的巨型老鹰简直是太低能了。

现在还是让我们脱离想象中的动物，将思路转回现实的动物中来。下面的表格里列举了几种飞行动物的体重以及它们每平方厘米的翅膀上能够承受的负载：

种类	名称	体重 / 克	每平方米翅膀可承受负载 / 克
昆虫类	蜻蜓	0.9	0.04
	蚕蛾	2	0.1
鸟类	金丝燕	20	0.14
	隼	260	0.38
	鹰	5 000	0.63

从这个表中可以看出，能在空中飞行的动物的身体越大，每平方厘

米的翅膀上承受的负载就越大。而鸟的身体大小是有限度的，超过了上限，鸟就很难飞起来了，所以我们看到一些没有飞行能力的大型鸟，这并不是稀罕事儿。鸟的世界里也有“巨人”，比如有像人一样高的食火鸟，身材高达2.5米的鸵鸟（图88），还有更大的、现在已经灭绝了的马达加斯加隆鸟，它的身高能够达到5米，等等，这些大型鸟就没有飞行能力。如果向上追溯它们家族的祖先，就可以知道，早在很久很久以前，它们的身材还比较小的远祖其实是能飞的，只不过后来由于疏于练习，飞行的本领渐渐退化，但是与此同时，身体却变得越来越大了。

图 88　鸡（左）、鸵鸟（中）和已经灭绝的马达加斯加隆鸟（右）的骨骼比较

7. 昆虫的安全降落

在我们看来跳下去会有危及生命安全的高处，昆虫却敢毫不犹豫地往下跳，并且安然无恙。有些昆虫在躲避追赶的时候，经常从高高的树枝上往地上跳，身体完全不会受损，这个现象又怎么解释呢？

事实上，对于体积很小的动物来说，当它遇到障碍的时候，构成其肌体的各部分会马上停止运动，因此不会有身体的一部分被另一部分挤压的情况发生。但体积巨大的动物下落的时候可就没有这么安全了，当大体积的动物遇到障碍的时候，构成其肌体的各部分并不是同时停止运动的，下面的组成部分会因为撞到了障碍而停止运动，但上面的组成部分没有遇到阻碍，还是在继续运动着，这就给下面造成了非常大的压力，所以这部分就会感觉到巨大的“震动”，并且产生肌体受损伤的后果。

假设有1 728个小人国的居民分别从树上掉下来，他们每一个人都不会受到什么严重的损伤。但如果他们是一群人成堆落下来的话，那么先落下的人就会被后落下的人砸伤。按照《格列佛游记》中的比例，一个普通人的身材与1 728个小人国的居民相等。

昆虫平安地从高处落下还有另外一个原因，那就是它们身体的柔韧性比较好。我们知道，越薄的板子在受力时的柔韧性就越好。与大型的哺乳动物相比，昆虫的身体只是它们的几百分之一，但昆虫的身体遇到碰撞的时候可以增加几百倍的弯曲程度（根据弹性公式），用这长了几百倍的距离来消耗碰撞带来的作用，会使破坏程度以同样的倍数减小。

8. 树木不能顶到天

德国有句有趣的谚语："多亏了大自然的关照，不然树木就会顶到天了。"那么大自然是怎样"关照"树木的呢？

我们选一株牢固的树干作为研究的对象，假设它的直径增加了100倍，同时高度增加了同样的倍数，那么树干的体积和重量也会同时增加到100^3倍，即1 000 000倍。树干的截面积决定了其抗压能力的大小，现在树干的抗压能力增加了100^2倍，其每平方厘米面积的截面要承受100倍的负载。可见，如果树干高度增加的同时，其几何形状却仍旧是老样子，它就会被自己的重量所压倒[1]。外形完整高大的树木，它的高度和粗细的比值要比矮树的比值大。但由于树干的不断增粗会导致整棵树"体重"的上升，这也就意味着树干下部所承受的负载的加大，所以树木并不是无休止地长高的，它应该有个高度极限，超过了这个高度极限的树木，就会被自己压坏，这就是为什么树木不可能"顶到天"的原因。

麦秆的强度非比寻常，比如黑麦。黑麦的麦秆有多粗？非常细，只

---

[1] 除非树干的上端变细，呈所谓的"等抗力杆"的形状。

有3毫米，但它却有1.5米那么高。我们知道，在建筑物中，最细最高的是烟囱，它的平均直径是5.5米，高度却达到了140米。但烟囱的高度是直径的26倍，黑麦秆的高度却是直径的500多倍。当然，我们并不能因此就说大自然的产物比人类技术的产物更完美、更优秀。通过一系列复杂的计算我们可以得知，如果让大自然建造一根像黑麦秆一样的管子，其直径也应该在3米左右（见图89），只有这样，才能使这根管子的强度与黑麦秆一样，这与通过人类技术建造的烟囱并没有太大区别。

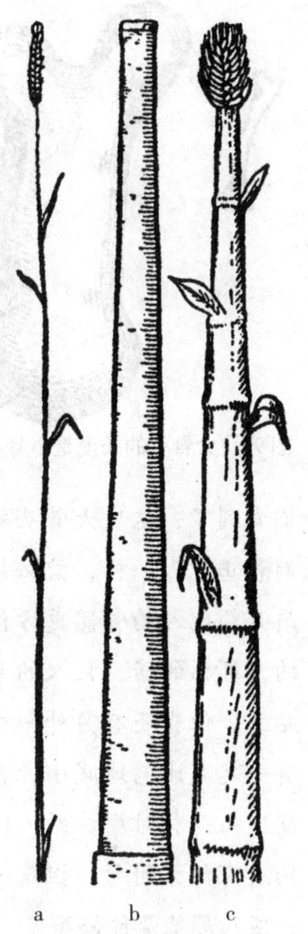

图89　a是黑麦秆，b是工厂烟囱，c是假想出的高140米的麦秆

9. 伽利略著作摘录

请让我在这一章的结尾，再为读者摘录几段来自于力学奠基人伽利略的著作《两种新科学的对话》中的内容：

萨尔维阿蒂：无论是人类还是大自然，谁都不能使自己创造的物体的尺寸毫无限度地增长。比如，人类不可能建造出庞大的船只、宫殿或恢宏的庙宇，并且让桨、桅杆和梁、铁箍等所有构件牢固地维系在一起。而大自然也不可能造出特别巨大的树木，因为这种树木的枝丫在无法承受自己的巨大重量时一定会断裂。同样的道理，我们也不能认为人、马或者其他的动物能有过分巨大并且能持续发挥其功能的骨骼。动物想要承受超乎想象的庞大身躯，就必须拥有比一般的骨骼更坚韧和结实的骨骼，甚至通过改变骨骼的形状以达到使其更强壮的目的，但这会使动物的结构和外形过分庞大粗壮。

观察力敏锐的诗人阿里奥斯托在《疯狂的罗兰》中就曾用这样的观

点描写巨人：

他高大的身躯使他的四肢变得特别粗壮，让他看上去像一个怪物。

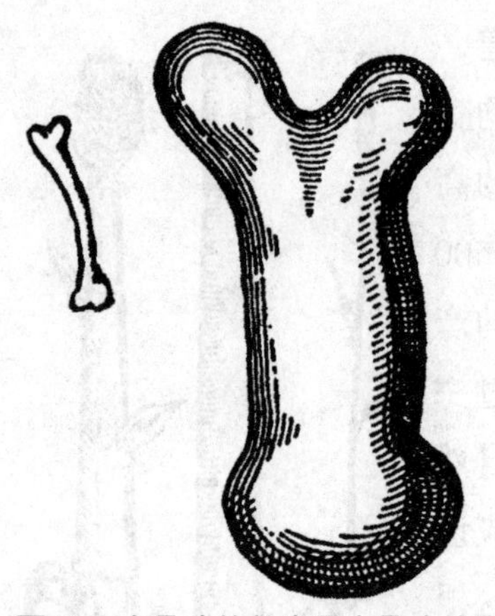

图 90　大骨头的长度是小骨头的三倍

对于我刚才的观点，这张图（见图90）可以作为最好的例证。图中有一块大骨头和一块小骨头，尽管大骨头的长度是小骨头的3倍，但如果想让大骨头像小骨头稳固地支撑小动物的身躯那样去支持大动物的身躯，它必须使自己的直径不断增加，所以我们看到了，这块大骨头粗大成了什么样子。那么如果想让巨人的四肢比例和正常人一样，就必须找到另外的一种物质构成巨人的骨骼，这种物质必须比人的骨骼更方便、更坚固，否则是不足以保证巨人的身体强度的，那样的话，巨人的身体就会变得无限大，直到把自己压倒在地无法站立。但我还有另外一个有趣的发现，那就是当身体变小时，强度却没有一起成比例地减小，甚至在一些身体比较小的动物身上，我们发现强度反而是相对增加的。比如一只小狗，让它驮起两到三只和自己同样的狗没有什么问题，但是一匹马，它要是能驮起哪怕是和自己差不多大的一匹马那就是件怪事了。

辛普利丘：我对您的观点持否定态度，并且有足够的理由推翻它。有一些鱼类，比如鲸鱼[1]，它的身躯有十头大象那么大，但它的骨骼可以毫不费力地支撑起巨大的身躯。

萨尔维阿蒂：辛普利丘先生，感谢您，使我记起了刚刚遗漏掉的一个条件，这是个能使巨人以及其他大型动物不仅能够生存，还可以像小型动物一样身体灵活自如的条件。最好的方法不是增加用于支撑身体重量的骨骼或其他连接部位的粗细与强度，而是改变骨骼和结构的比例，以减轻骨骼的重量以及其支撑着的身体各部分的重量。大自然用这种最

[1]　在伽利略时代，人们把鲸鱼归为鱼类，而实际上鲸属哺乳类动物，用肺呼吸。应该注意的是，鲸是水生动物。

好的方法创造了鱼类，它使鱼类的骨骼和身体的各部位都变得很轻甚至完全失去重量。

辛普利丘：我想我明白您的意思，您是说水自身的重量可以抵消浸入其中的物体的重量。而鱼在水里生活，构成其身体的物质的重量被水抵消了，所以不需要骨骼的帮助身体也可以支撑得住，但我并不认为这足以说明问题。就算我们假设鱼类不需要用骨骼支撑身体的重量，但骨骼本身也是有重量的，鲸鱼的肋骨犹如粗梁一般，谁能说它们没有相当可观的重量呢？怎样证明它们就不会在海水中沉底呢？要是按照您的观点，世上根本就不应该存在像鲸鱼这么大的动物。

萨尔维阿蒂：我可以更有力地对您的观点进行反驳。在这之前，我想向您提一个问题，您是否见过这样的场景：鱼在平静的死水中漂着，动也不动，既不沉到水底，也不浮上水面？

辛普利丘：当然，这个现象谁都见过。

萨尔维阿蒂：这个众所周知的现象恰恰可以证明，鱼的整个身体的比重接近于水。既然，鱼的身体的某些部分比水重，那也就意味着，鱼的身体中肯定有另外一部分比水轻，平衡就这样形成了。既然鱼的骨骼比水重，那么它的肉或其他器官就会比水轻，这些肉或器官抵消了鱼的骨骼的重量。所以说，生活在水中的动物和我们谈到的陆地上的动物的情况完全相反：陆地上的动物必须用骨骼来支撑肌肉与骨骼的重量，而水里的动物却是用肌肉来支撑肌肉和骨骼的重量，因此，大型动物在水中生存容易，在陆地上（也就是在空气中）生存难，这种现象不足为奇。

沙格列陀：我对辛普利丘先生的论述和他提出的问题非常感兴趣，同时我也非常喜欢萨尔维阿蒂先生做出的解答。我从中得出了一个结论：如果将刚刚提到的那条大鱼拖到岸上，它撑不了多长时间。因为在它的骨骼之间起联系作用的那些结构很快就会断裂，这样的话，它的整个身躯就垮塌了[1]。

[1] 关于这个问题请参看本书作者的《生活中处处有物理学》一书中“为什么鲸生活在水里”一节。